《发展性心理教育丛书》编委会名单

主　　编　吴发科

编委成员　（以姓氏笔画为序）

马　超　王　玲　刘学兰　刘志雅

许思安　迟毓凯　陈彩琦　唐红波

发展性心理教育丛书

教育部基础教育课程教材发展中心推荐图书

全国中小学图书馆（室）
推荐图书
教育部基础教育课程教材发展中心

校园突发事件的危机干预

XIAOYUAN TUFA SHIJIAN DE WEIJI GANYU

王　玲◎　编著

暨南大學出版社
JINAN UNIVERSITY PRESS

中国·广州

图书在版编目（CIP）数据

校园突发事件的危机干预/王玲编著．—广州：暨南大学出版社，2011.12（2021.12重印）
（发展性心理教育丛书）
ISBN 978－7－81135－737－0

Ⅰ.①校…　Ⅱ.①王…　Ⅲ.①校园—紧急事件—心理卫生—研究
Ⅳ.①B844.2

中国版本图书馆CIP数据核字（2011）第011913号

校园突发事件的危机干预
XIAOYUAN TUFA SHIJIAN DE WEIJI GANYU
编著者：王　玲

出 版 人： 张晋升
责任编辑： 张仲玲　武艳飞
责任校对： 封　欣
责任印制： 周一丹　郑玉婷

出版发行： 暨南大学出版社（510630）
电　　话： 总编室（8620）85221601
营销部（8620）85225284　85228291　85228292　85226712
传　　真：（8620）85221583（办公室）　85223774（营销部）
网　　址： http://www.jnupress.com
排　　版： 广州市天河星辰文化发展部照排中心
印　　刷： 湛江日报社印刷厂
开　　本： 787mm×960mm　1/16
印　　张： 13.625
字　　数： 345千
版　　次： 2011年12月第1版
印　　次： 2021年12月第7次
定　　价： 33.00元

目录 contents

第一章 概述

校园突发事件是指发生在中小学、大学乃至幼儿园的突发的、严重的事件，又称为“危机事件”。校园突发事件的频频发生，让教师、家长和学生感到恐慌和没有安全感，学校和管理部门也倍感压力。怎样预防校园突发事件的发生，在遭遇突发事件后如何紧急处理，以及怎样对有关人员进行心理危机干预，这是摆在学校、教师和心理学工作者面前的重要任务。本章就什么是危机干预、校园突发事件危机干预的一般紧急举措以及危机干预的理论模式进行了阐述。

一、危机干预

（一）有关概念

1. 危机干预

危机干预是针对危机事件而进行的紧急处理。Parad 将危机干预具体描述为：“在混乱不安时期，一种积极主动地影响心理社会运作的历程。以缓解破坏性危机事件所带来的直接冲击，并协助受到危机事件直接影响的人们，激活其明显的与潜伏的心理能力及社会资源，以便能适当地应对危机所造成的结果。”危机干预的目的有二：一是立即或紧急地进行情绪与环境的急救，以缓解危机的不良影响；二是在应对时期，通过立即澄清与指导，增强个人应对与统合的能力。

那么，什么是危机？关于危机的定义有很多，以下列举四个，希望能够综合出更好、更恰当的定义。

（1）危机是个体在面临会危及个体原本状态或健全性之情境时所处的状态。在这种状态中，人们遭受重要目标的挫折或遭受创伤性事件时，会感到震惊、害怕、悲伤、无助和混乱。

（2）危机是指个体或群体面临突发的或重大的生活挫折或公共安全事件时，既不能回避，又无法用通常解决应激的方式来应对所出现的心理失调状况。

（3）危机是当个体意识到自己无法对某种境遇作出反应时所处的状态。

（4）危机是当人们面对重要生活目标的阻碍时产生的一种状态。这种状态下伴随着多次失败的应对尝试。

综合上述定义，危机是针对某种情境的意识与评估。如果当事人认为自己无法很好地应对所处的情境，就会产生不协调感，进而演化出更为严重的症状，如身体的部分功能失调。

2. 危机的特征

危机一般表现为以下三个特征：

（1）危机是危险与机遇共存。危机在英文中是指“crisis”，而在中文中是用“危”与“机”来共同表示，说明在危险中仍存在一定的机遇。古语云“祸兮福所倚，福兮祸所伏”，也就是说，好事和坏事是可以相互转化的，在一定的条件下，福会变成祸，祸也能变成福。如果当事人能够很好地应对，必能促进当事人自我的成长。但如果不能够很好地进行反思，没有积极地应对，结果只会使当事人心理崩溃，行为退缩。如果不及时地提供良好的帮助，则极可能会导致当事人产生严重的创伤。

（2）情境复杂多变。在面对相同危机时，由于每个人的成长经历不同，所采用的应对方式也会千差万别，因此，进行危机干预时需要灵活多变。同时，如果是针对不同的危机情况，更需要针对现场的变化进行多方面的调整。但方法的灵活性并不是说没有系统性，总体来说，干预措施中有六个步骤一直贯穿其中，具体内容详见本章第二节。

（3）不可预测性。很多危机情况是不可预测的，没有谁能够准确地提出在什么时间一定会出现某种危机，大多数研究都只是从概率和数字方面进行分析，如埃里克森从人的成长方面，提出了人生八个阶段和可能存在的危机情况。但对于一些突发事件（如地震、火灾等）则完全无法预测陷入危机的都是哪些人。

3. 危机的分类

关于危机的分类有不同的观点，Cornut & Paulsen（1980）提出危机分为生物性、环境性和偶然性三类；Hoff（1984）提出危机分为处境型、过渡型和文化社会结构型三类。我们采纳芭芭拉·鲁宾·韦恩瑞伯（Barbara Rubin Wainrib）和艾琳·布罗契（Ellin L. Bloch）（2003）提出的分类，他们把危机分为发展危机和情境危机。所谓发展危机是指一个内在形成的情境，它可能源于生理或心理的变化，再加上个体的发展、生物性转变与角色变迁等因素，例如，怀孕、分娩、青春期、性别认同危机、中年危机、退休等。情境危机指存在于生活环境中的情境变化，其特点是突发的、令人震惊的、剧烈的、不寻常的，例如，被强暴、自杀、车祸、被绑架、家庭成员突然生病死亡等。

我们通常所说的危机事件，主要是指情境危机。

（二）校园常见的危机事件

对于校园危机事件的定义较少，多数是引用公认的对危机的定义，Mary Margaret Kerr（2009）提出校园危机是指学校危机，是指影响到学校正常工作的突发事件或情况（这种情况的起源不一定全是学校本身，也有可能是外在的事件或者由环境因素导致的）导致个人体验到恐惧、无奈甚至是休克。学校危机发生时需要采取及时且专业的救援行动，以帮助当事人调整心理，获得安全感。①

近些年来，在校园里发生的一些危机事件不断增加，对学生造成的伤害也较为严重。总体来说，校园常见的危机事件有：学生自杀、学生意外伤害、学生情感问题与怀孕、校园暴力、校园群体事件及自然灾害等。

1. 青少年学生的自杀问题

近些年来，学校自杀事件频发，大学生自杀事件更让人们痛心。2010 年广东省教育厅负责人在高校心理健康教育工作会议上公布，广东省去年有 26 名大学生自杀身亡，另有 5 人自杀未遂。其中研究生自杀率高于本科生，广东省高校研究生自杀率也明显高于全国水平。

一般来说，自杀多是由于自身因素及环境影响所致。首先，从青少年这一群体的身心发展特点来看，青少年时期正处于个体身心发展的时期，面临考试、升学等诸多人生选择，因而是最易出现心理冲突的“危机期”。其次，从学生个体的人格特质来看，性格内向、自我封闭或冲动、偏执的人一旦遇到问题有可能产生轻生念头，因此，针对这类人群需要给予更多的关注。

同时，自杀也具有一定的模仿性，法国社会学家加布里尔·塔尔德曾提出“自杀是社会模仿”的理论，例如，国内富士康出现的连续跳楼事件就存在明显的模仿性，因此，对于自杀现场的群众进行及时的心理干预也是非常重要的（具体内容详见第五章）。

---

① Mary Margaret Kerr. *School crisis prevention and intervention*. person，2009.

2. 意外事故

这里的意外事故主要是指如车祸、火灾、倒塌事件等。其实在学校特别是小学校园，接送车的安全一直是个大问题。2010 年 2 月 24 日，南京市六合区某中心小学的校车发生一起车祸，原本 11 座的面包车里塞了 30 多名学生，1 名学生伤势严重。2010 年 5 月，广东省江门市某幼儿园接送小孩到幼儿园时，疏忽大意地将一名孩童遗留在车内，结果导致该名 4 岁幼童被困在密闭的车厢内长达 6 个小时，最终窒息死亡。对于这种意外事故，当家长获知消息时，必然会很震惊，甚至出现严重的生理及心理反应，因此也需要及时进行心理危机干预。

3. 学生情感问题和怀孕

12 岁以后，未成年个体的生理发育加速，而心理发展相对缓慢，又加上处于青春萌动期，对于情感并没有太完整的区分，因此也会出现一些过激行为。据黑龙江“96311”未成年人心理健康指导热线统计显示，自 7 月 7 日开通以来，共接待热线咨询 478 件，平均每天 11 件。其中，性心理问题咨询 111 件，占咨询总数的 23. 23%，紧随学习问题和普通心理咨询之后，成为咨询的第三大热门话题。①

4. 校园暴力和校园群体事件

这主要是指枪杀事件、群殴事件等。近年来，中小学暴力事件频发，也引起了社会的广泛关注。例如，2010 年有报道的校园案件有：

3 月 23 日，福建省南平一名疑似精神病男子在南平实验小学校门口挥刀乱捅，至少造成 8 名小学生死亡，据悉，凶手是一名被辞退的社区诊所医生。

4 月 12 日，在广西壮族自治区合浦小学门前又发生了一起凶杀事件，2 人死亡，5 人受伤，其中包括 2 名小学生。

2010 年 4 月 29 日上午 9 时 40 分左右，江苏省泰兴市泰兴镇中心幼儿园内发生一起持刀砍人事件，造成 31 人受伤，其中学生 28 人、教师 2 人、保安 1 人，犯罪嫌疑人被当场抓获。

2010 年 4 月 30 日上午，山东省潍坊市坊子区九龙街道尚庄村村民王永来强行闯入尚庄小学，用铁锤打伤 5 名学前班学生，然后点燃汽油自焚。王永来被当场烧死，5 名受伤学生目前已无生命危险。

不久前出台的《国家中长期教育改革和发展规划纲要（2010—2020 年）

① 哈报新闻网，2010 - 09 - 08. 网址：http：//news. harbinnews. com/system/2010098/000070317. html.

（公开征求意见稿）》提出，要“加强安全教育和学校安全管理，加强校园网络管理和周边治安综合治理。完善学校突发事件应急管理机制，妥善处置各种事端”。

5. 自然灾害

自然灾害主要是指地震、海啸、暴雨、泥石流等自然环境所导致的灾害。最近两年里，自然灾害相对较多，给人民生活也造成了较大的影响。2008 年，四川地震导致上千名学生遇难，2010 年，南方多省市的强暴雨，使部分中小学受到严重影响。

相对而言，自然灾害更难以预测，并且破坏力强，严重威胁人们的财产及生命安全。因此，学校更需要做的是加强针对自然灾害的预防演习，让学生掌握在灾害中逃生的方法，以便使他们能更好地应对可能发生的灾害。

（三）危机事件所致的反应

处于危机状态时的人们会在生理、心理和行为等方面表现出各种反应，但这些反应都是对不寻常情况的反应，在危机来临前，绝大部分人都没有任何心理准备，更不要说做到更好地去应对。

一般来说，人们对危机事件的反应会经历三个阶段：第一个阶段为否认阶段，发生在危机出现的同时或危机刚过时。当事人会感到震惊，不相信或否认事件的存在。刺激过强时，可出现眩晕、麻木、呆板、不知所措等状态，亦可称为“类休克状态”。如突然听到亲人死亡等消息后，大多数人会表现出发呆、惊慌或歇斯底里等症状。第二个阶段为对抗阶段，此时，当事人已经开始出现很多的不适反应，如当事人感到激动、焦虑、痛苦和愤怒、退缩或抑郁等。第三个阶段为消除阶段，当事人开始接受事实并为将来作好计划。这时，人们会努力恢复心理上的平衡，控制焦虑和情绪紊乱，恢复受到损害的认识功能，将自己的注意力转向危机刺激，并采用各种措施应对危机。当然应对措施可以是积极、有效的，如合理的宣泄、情绪控制技巧及沉着、冷静地面对；也可能是消极、无效的，如回避、退缩、依赖烟酒或药物等。前者能使当事人顺利地度过危机，并使当事人掌握新的处理困境的技巧，促进当事人心理的成长。后者则可能是当事人虽度过了危机，但在心里留下了“隐患”；或当事人不仅未能度过困境，反而引发了新的心理危机。

我们不妨从生理、心理和行为三个方面进行阐述，以期更详细地说明危机事件可能引起的各种反应。需要注意的是，每种反应都有可能出现在危机发生时，也可能是在危机事件后，所以需要危机干预工作者能够时刻保持警觉，捕捉当事人的内心状态，以便更好地进行干预。

1. 生理反应

生理反应表现为易疲倦，肌肉紧张或头、颈、背肌肉疼痛；手脚发抖、多汗、心悸、感觉呼吸困难、喉咙及胸部梗塞；头痛、疲乏、头昏眼花；月经失调、子宫痉挛、肠胃不适、腹泻、食欲下降；失眠、做噩梦、易惊醒等；同时伴有错觉和幻觉，对与危机事件相关的声音、图像、气味等过分敏感，对痛觉刺激反应迟钝等。

2. 心理反应

心理反应则更加多样化，主要可以从以下三个方面来说明。第一，认知方面：在危机状态时注意力集中于急性悲痛之中，并极易导致记忆和感知觉的改变。他们难以区分事物的异同，而且体验到事物之间的关系是含糊不清的。他们表现为极端痛苦，思想混乱，作出决定和解决问题的能力受到影响，更增加了已有的焦虑，有时他们害怕自己要发狂。思维迟钝，强迫性、重复性回忆，即一直想着逝去的亲人，无法思考别的事情；灾难画面在脑海中反复出现，一闭上眼就会浮现出最恐惧、最悲伤的情境画面，因此，患者不敢闭上眼睛睡觉；常有自发性言语，思维无条理性，难与人沟通，甚至出现妄想；记忆力减退、遗忘、痛苦回忆。此时所出现的混乱和歪曲的感知过程与精神疾病是不同的，一旦危机解决，可迅速恢复正常知觉。第二，情绪、情感方面：当事人表现出高度的焦虑、紧张、丧失感、空虚感，且可伴随恐惧、愤怒、罪恶、烦恼、羞愧等。少数人则表现为否认、麻木、冷漠、无表情或内疚、自责、愤怒、易激惹。第三，意志方面：注意力增强或不集中、缺乏自信、无法作决定、健忘、效能感降低，甚至对生活失去希望。

3. 行为反应

行为会出现两个维度的变化。第一是行为的程度维度会出现异常（行为的增加或减少），如慌乱、不知所措、失控，并且多伴有精神运动性障碍，如激动叫喊、情感爆发、无目的地漫游、动作杂乱而无目的等。也有的会出现暴饮暴食、反复洗手、反复消毒等强迫行为，或者沉默寡言、呆若木鸡。有的则表现出长时间的呆坐或卧床不起，行为退缩，不愿意参加、逃避与疏离社交活动，不敢出门，害怕见人。容易激惹，责怪他人，不易信任他人等。第二是行为的方向维度出现行为的改变（产生新的行为或者丧失某种行为），如当事人不能完成职业功能，不能专心学习和从事家务；与社会的联系破坏，当事人会感到与人脱离或相距甚远，可发生对自己和对周围的破坏行为并以此作为对解决问题的最后努力；出现典型自毁行为，如酗酒、自我伤害等。

二、校园突发事件危机干预的一般紧急举措

面对危机事件，并非一个人可以解决，需要各方面的努力与协作。通常而言，危机事件所采取的紧急措施包括两个层面：一是实务层面；二是心理层面。实务层面包括行政举措、家长工作、媒体应对等；心理层面包括心理辅导、心理咨询和心理健康教育等。

紧急干预举措的目标是：①确保安全。包括学生和教职员工的安全。在危机状况下，人们面临严重的危机，很容易出现多方面的不良反应，在进行干预时也需要时刻关注当事人的安全。②力求稳定。确认消息准确发放。一旦出现危机事件，本身已经出现严重的慌乱，一旦消息不准确或不及时，很可能致使本已经历危机的人们再次陷入慌乱，甚至出现更严重的后果。因此，在公布危机事件的消息时，需要更准确、更及时。③提供支援。减小创伤的影响，增强康复能力。在危机事件后，更需要各方的物资及心理援助。④恢复正常。尽快恢复学校的正常运作。

（一）实务层面的紧急干预

实务层面的紧急干预是指在学校校务层面进行的紧急部署，包括确认事故情况，通知学生和教师注意安全，召集有关方面提供救援和帮助，成立危机协调小组，制订紧急应对计划，准备危机事件事实报告以回应传媒和警方的查询，与家长或家庭成员进行联系等。

具体程序如图所示：

校方确认事故，马上报警和通知教育局

↓

召开危机小组会议
分工负责

↓

教职员工 —— 学生 —— 家长 —— 外界 —— 社区

↓

汇报及检讨座谈会

↓

跟进

实务层面的紧急干预程序

第一步，校方确认事故，马上报警和通知教育局，召集有关方面提供救援和帮助。

在危机事件发生之后，校方需要在第一时间确认事件的具体信息，要根据预案，快速而仔细地评估形势。首先是评估危机的真实性，如果属实则要快速确定其类型、地点和强度，并联系警局及教育局的相关人员，在最短的时间内召集有效的救援资源投入到营救工作中。如果是地震、火灾等自然灾害，当危机发生时，应立即通知学生和教师参照学校建筑的具体指引，特别是根据紧急疏散通道的位置，有序地组织疏散工作。

在危机处理中，保持信息的公开也是很重要的。要定期召开信息发布会，将事件调查情况、救援工作的进展及已做工作及时进行发布，让公众了解，避免恐慌、猜疑、谣言和群体情绪事件发生。注意发布前必须将所要传达的信息做好整理，回答记者的问题时要尽可能精确和完整，尽可能保证属实。如果没有信息或信息不可靠，则应如实回答。

第二步，召开危机小组会议，分配各项工作，启动心理辅导工作。

危机事件发生后，要迅速召开危机小组会议，评估事件对学生、教职员工、家长和社区的影响，以便更好地采取措施。分配具体的工作，制定工作范围、对象及各项工作负责人。在进行任务分配时，需要注意每个人的责任承担情况，如果一个人在危机中承担了过多责任，那么重要任务就很容易被忽略掉，所以在分配任务时要能够做到详细精准。要进行实时的评估危机情况，提供有关已确认事件的最新资料，修订及落实危机小组应变计划，并及时进行干预。最好每天晚上都组织工作组人员召开会议，总结当天工作，对工作方案进行调整，并部署下一步的工作。

同时，启动心理援助工作，包括邀请心理专家、进行心理辅导、跟进心理疏导的效果、进行有关心理卫生知识的宣传等。必要时制定有关宣传手册并紧急印发。可以请心理专家对班主任进行培训，统一思想和技术路线，了解心理危机干预的技术、流程和评估方法等，并协同开展工作。要应用评估工具对有关人员逐一进行心理筛查，对重点人群进行危机动力分析。根据评估结果，对已出现心理应激反应的人员当场进行初步的心理干预，对每一个筛选出有急性心理应激反应的人员进行随访，强化心理干预和进行必要的心理治疗，治疗结束后再次进行心理评估。

第三步，成立事后情绪支援小组，尽快恢复正常教学。

一般来说，危机过后仍需要指定特定的心理辅导员进行追踪随访，并评估全校教职工和学生在这次危机中出现心理问题的普遍性和严重性，检讨由此暴露出来的心理辅导及干预过程中存在的不足。有必要加强危机干预的知识讲座，成立有力的社会支持网络系统，提供有效的心灵呵护。

同时，尽快恢复教学。尽快复学是从危机中恢复的重要一环，因为有序的教学秩序可以把学生从孤立的状态中解放出来，让学生在课堂上释放压力，更有利于从危机中恢复。因此，在课堂上，要多给予学生支持，提供一种亲切、温暖、相互信任的环境，让学生适当表达他们在危机中的感受，释放他们的压力，以评估学生的心理状态；鼓励学生积极应对危机，并根据正常程序处理缺课或早退的情况。

（二）心理层面的紧急干预

心理层面的紧急干预是指在心理健康方面对受影响者提供紧急援助，包括个别咨询和小组或团体辅导。一般而言，心理危机干预主要包括：①提供相关事实资料，在危机事件发生后，要第一时间了解事情的真相，以便更快地确定问题；②保持接触对话和关心，危机干预者要保持与当事人的接触，以给予当事人足够的支持；③鼓励当事人表达自己对事件的反应、感受和思想等，在经历危机后会出现很多的不适反应，需要干预者能够正确地引导当事人进行宣泄；④加强自助能力、积极面对危机事件。干预的最终目标是当事人自己独立，在危机中成长，因此，在干预过程中要不断地激发当事人本身的力量去逐步独立解决存在的问题。

1. 心理危机干预的对象

心理危机干预的对象不仅仅是那些亲身经历危机事件的人，还包括那些与危机事件有关的其他人。具体而言，在进行危机处理时需要关注以下几类人群：

（1）牵涉危机事件者。危机事件的经历者是首先要进行干预的对象，他们在经历事件后，会在很长一段时间里都存在应激反应，因此也需要对其进行长期的追踪访谈。

（2）目睹事件发生者。在目睹危机事件后，也会产生对危机的反应，甚至出现与危机事件经历者相同的心理反应，危机干预者需要评估目睹事件旁观者的情绪状态，以便进行及时有效的干预。

（3）与受创者密切关系者。主要是指危机事件当事人的亲人、朋友等，当他们得知危机事件时，在突如其来的刺激下，很难找到有效的应对方式来调节。

（4）有严重情绪困扰及创伤经历者。如果曾经受过创伤，且没有很好得以解决的，那么，在类似的创伤情境下，更容易表现出生理变化与心理的波动。因此，在进行危机干预时，需要了解危机对象在危机发生前有无不良情绪，有无创伤经历等。

2. 心理危机干预的一般步骤

心理危机干预主要有六个步骤，包括定义问题、保证当事人的安全、提供支持、检查替代解决方法、作出计划和获得承诺。内容具体如下：

（1）定义问题。危机干预的第一步是从当事人的角度，确定和理解当事人本人所认识的问题。心理学工作者需要了解当事人目前存在的问题是什么；诱因是什么；首先需要解决的问题是什么；然后再解决什么；哪些问题如果不及时处理可能会导致严重的身心问题。在此过程中，必须以当事人为中心，如果工作人员所认识的危机境遇并非当事人所认同的，那么帮助者所应用的全部干预策略和付出的努力可能就会失去重点，甚至对当事人而言没有任何价值。

（2）保证当事人的安全。在危机干预过程中，危机干预工作者将以保证当事人的安全作为首要目标，这是非常必要的。需要评价当事人自杀或自伤的可能性，如果有严重的自杀或他杀倾向时，可考虑转诊，必要时进行住院治疗。虽然在步骤中这是第二步，但并不是说确保当事人安全不是首要的，而是强调在进行评估问题的过程中应时刻关注当事人的安全，同时只有问题评估准确，才能有针对性地进行干预。

（3）提供支持。危机干预的第三步是强调与当事人之间的沟通和交流，使当事人知道工作人员是能够给予其关心和帮助的人。危机干预在于帮助当事人恢复到危机前的心理平衡状态。在这一阶段中，需要了解危机对当事人的生活造成损害的程度以及这种损害对他人及当事人周围环境所产生的影响；肯定当事人的长处（优点）；确定他所拥有的能够给予他帮助的家庭成员或社会支持系统。

（4）检查替代解决方法。多数情况下，当事人经历过危机事件后，思维会处于一种不太灵活的状态，很难马上想到有效的应对方式。在此过程中，工作者有效的工作能帮助当事人认识到，有许多可变通的应对方式可供选择，当事人也可以从多种不同途径来获得支持。例如，①环境支持，这是提供帮助的最佳资源，当事人知道有哪些人现在或过去能关心自己；②应付机制，即当事人可以用来战胜目前危机的行动、行为或环境资源；③积极的、建设性的思维方式，可用来改变当事人对问题的看法并减轻应激与焦虑水平。需要注意的是，危机干预者不需要提供过多的应对技巧，而是要针对当事人的情况选择三种左右方式进行讨论，以便更有效地干预；当选择太多时，反而会让当事人无可选择。

（5）作出计划。危机干预计划应该包括：①确定有另外的个人、组织团体和相关机构能够提供及时的支持；②提供应付机制，即当事人现在能够采用的、积极的应付机制，确定当事人能够理解和把握的行动步骤。根据当事人的应付能力，计划应着重在切实可行和系统地帮助当事人。制订计划的关键在于让当事人感到没有剥夺他们的权利、独立性和自尊。有些当事人可能并不会反对帮助者决定他们应该做什么，他们甚至会认为将计划强加给他们是应该的。让受情绪困扰的求助者接受一个善意的强加给他们的计划往往很容易。因此，在计划制订过程中的一个主要问题是当事人的控制性和自主性，让当事人将计划付诸实施的目的是恢复他们的自制能力并保证他们不依赖于帮助者。

（6）获得承诺。如果制订计划这一步完成得较好的话，则保证这一步就比较容易了。很多当事人会认为咨询师是一个权威，他提出的计划肯定是可行的；或者有些当事人认为干预者那么积极地提供帮助，不好推辞。其实这都是错误的，在实行时未必会见效。要培养当事人敢于说“不”，同时，咨询师也要思考当事人的承诺是否真的有效，干预者自己是否客观中立，只有当计划是当事人可以接受并可以做到的，行动才会更有效。

3. 基本技术——紧急事件应激晤谈（CLSD）

作为一种最基本的心理危机干预技术，紧急事件应激晤谈至今已有50余年的发展历史了，它适用于缓解与危机事件有关的各种人群和个体的应激反应。应激晤谈的目标是：公开谈论内心感受；支持和安慰；帮助当事人在认知和情感上消化创伤体验。

一般认为，应激晤谈的时限最好在突发事件发生后的24～48小时。正规的晤谈通常由具有资历和经验的心理卫生专业人员主持实施，指导者必须对应激反应综合征和团体辅导有相当的了解。

正规的团体紧急晤谈过程一般分为六个阶段，非常场合可以把第二、第三、第四阶段合并。具体过程如下：

第一阶段，导入或介绍期。辅导员进行自我介绍，向受辅导者介绍紧急晤谈的目的，强调不是正式的心理治疗，而是一种帮助大家减轻创伤事件所致的应激反应的服务。

第二阶段，事实叙述期。辅导员请每位参与者从自己的观感出发，描述事件发生时的所见所闻和所作所为的具体事实，目的是帮助当事人先从自身的角度来描述事实，而每个人都有机会补充事实的细节，最终使整个事件得以重现，有助于每个人全面地了解事情发生的真相。辅导员要打消参加者的顾虑，强调参加者如果不愿意讲话，也可以保持沉默。选择沉默也适用于其他阶段。

第三阶段，体验感受期。鼓励每个参加者依次描述其对事件的认知反应，揭示参加者对有关事件最初和最痛苦的想法，让情绪及时宣泄、表露出来。辅导员可以询问每个参加者当时的感受以及在交谈时的感受，挖掘在危机事件中最痛苦的那部分经历，鼓励参加者承认并表达各自的情感。询问这些感受对当事人的社会功能及人际关系有什么影响，当事人是否觉得自己做得不够，或认为做错了什么，对不利的后果要负什么责任等。

第四阶段，症状期。辅导员要求参加者从心理、生理、认知和行为各方面，以时间顺序回顾性地描述和确定自己在事件中的痛苦症状和体验，如果有，则应识别是否是由创伤事件导致的，但要避免将个体的反应病理化，避免“障碍”“症状”等语言导致医学标签化的效应。目的是帮助当事人识别和分享自己的应激反应，开始将情感领域导向认知领域，以便对事件产生更深刻的认识。

第五阶段，辅导或干预阶段。向参加者介绍正常的应激反应模式，强调人的适应潜能，讨论积极的适应和应对方式。辅导员要帮助参加者认识到，其经历的应激反应是面对非正常状况的正常和可理解的行为，本质上不是医学问题，也不意味着有精神病理学的意义，从而减轻其心理压力。鼓励当事人坚强起来，并努力调动当事人利用现有的社会资源和自己的潜能参与心理重建，同时应教授和提供其必要的应激管理技巧和积极应对技巧。

第六阶段，恢复促进期。晤谈即将结束时，辅导员应总结晤谈中涵盖的主题并回答相关内容，讨论应对策略和行动计划；强调小组成员之间的相互支持，鼓励使用先前紧急状况下使用过的成功解决问题的策略，以适宜的方式释放痛苦情感，避免由各种情绪混杂而产生的强迫思考。评估哪些人需要随访或转介到专业机构作进一步的治疗。

在个别辅导中，可以参照这六个阶段，再根据当事人的具体情况作出适当的调整。总体而言，对像学生自杀这样一类突发事件来说，紧急的心理干预是必不可少的，它可以避免学校的人心不稳，避免部分学生出现更严重的或持久性的心理问题，帮助学校和学生尽快恢复到正常的状态。

总之，在危机干预过程中，每一个救援工作的参与者都要积极地分享自己的反应，回应学生提问，留意学生的情绪反应，及时进行相应的心理辅导，以确保将危机事件的伤害降到最小。

三、危机干预的理论模式

在危机干预的理论模式中，国外的干预模式有这样三个特征：一是将干预过程划分为不同的阶段，针对不同阶段的特点采取不同的措施与策略；二是将不同的干预模式、支持资源加以整合；三是针对不同人群、不同应激情境作深度拓展，发挥干预的特异性效果。下面介绍六种国外常见的危机干预模式。

（一）Roberts 模式

Roberts 模式是美国哈佛大学学者 Roberts 在整合了当前一些危机干预策略后提出的一种综合性危机干预模式，为危机干预模式提供了一个良好的基本取向。它主要是一种专门针对突发性危机和创伤性危机进行心理干预的危机干预模式，包括评估（assessment）、危机干预（crisis intervention）和创伤治疗（trauma treatment）三个程序，因此，也被称为“ACT 模式”。具体如下：

1. 评估

作为一名危机干预者，首先，必须对当事人的危机状态进行评估，包括引发当事人危机状态的危机源以及目前所处的环境等；其次，要对当事人的状态进行评估，如个体有无严重的情绪困扰，有无自伤或伤害他人的可能性等。

2. 危机干预

在确保当事人的生命有基本安全保障的情况下，危机干预者可以着手进行干预。干预主要从以下五个步骤来进行：第一，与当事人建立关系，通过与当事人进行有效的沟通，消除当事人的抗拒心理，获得当事人的信任。在这一步骤中，对当事人的理解、尊重和接受是关键，对于主动寻求心理援助的当事人，干预者可以通过开放式提问、倾听、附和等技术来了解当事人的信息。第二，鼓励当事人进行感受与情绪的探索，在与当事人建立关系的同时，干预者可以获得大量信息，鼓励当事人回顾自己的情绪及行为反应。第三，确定当事人的问题，由于有些当事人的情绪困扰严重，自己往往不能意识到问题的所在，因此，提问的技巧和干预者清晰的思维就非常重要。干预者必须从当事人凌乱和片断的叙述中整理和发觉问题的所在，以了解当事人目前的需求，问题解决疗法中的问题澄清技术在此时比较有效。第四，探究并评估过去的应对做法，事实上，当危机来临时，大多数人会采用自己经验范围内的应对技能来对抗危机，虽然这些无意识或者有意识的应对策略不是很成功，却具有一定的积极意义。危机干预者应该最大限度地挖掘这些技能，这样不仅可以让当事人感到自己应对危机的力量，也能让当事人更乐意配合干预者的援助。第五，随访，在短暂的危机状态解除之后，干预者应该继续与当事人保持联系，以确保问题已经得到解决。

3. 创伤治疗

危机干预只是短暂地缓解当事人危险的举动或者极度困扰的情绪，很难彻底解决那些诸如失眠、噩梦、焦虑症等创伤性的应激反应，干预者应该继续追踪治疗。同时，心理治疗师应该对当事人的心理症状进行重新评估，以采取相应的治疗方法。

（二）Gilliland 和 James 的模式

Gilliland 和 James 的模式因了解危机处理工作者本身个人特质的重要性，帮其在危机工作者的功能上纳入了重要因素，其中包括个人的认知、生活史、过去经验、文化背景、创伤经历以及个人成见等。其实在目前干预运用最多的是 Gilliland 和 James（1997）所提出的六阶段处理模式：定义问题保证当事人的安全，提供支持，检查替代解决方案，作出计划，获得承诺（具体内容详见本章第二节）。在该模式中，主要是加入了危机干预者的个人特质，从而提醒干预者不要在咨询中加入自己经历的干扰。

（三）Puryear 模式

有关 Puryear 模式的理论介绍，相关资料相对较少，本书主要以芭芭拉·鲁宾·韦恩瑞伯和艾琳·布罗契所著之书为参考。其中模式概要如下：①立即干预。对于危机事件的当事人需要进行及时的干预。②行动。主动参与，并指导进行情境评估及行动计划之具体化。在与当事人进行交谈时，需要将当事人的经历具体化，使之能够明确所面临的事件并不是没有退路，而是暂时遇到了困难，只要进行努力，还是有回旋余地的。③限定目标。最小的目标是避开灾祸，在危机干预时，最重要的就是要确保当事人的安全。只有确保当事人的安全，才能有机会进行后续干预；基本目标则是重建希望与成长，进行危机干预，就是为了帮助当事人重新获得生活的能力，那么在制定目标时，需要注意目标的积极性、灵活性，以更好地帮助来访者成长。④希望与期待。以个案合宜的态度与期待对情境逐渐注入希望，只有当事人开始正视自己的问题，并谋求积极的解决问题的方法时，干预才能达到最佳效果。所以，在干预时需要关注当事人的言行，及时干预当事人的消极想法，并将其转变为积极的想法。⑤集中焦点式的问题解决。在进行危机干预时，并没有充足的时间来对当事人进行干预，所以需要尽快确定问题所在，然后进行适当的规划并设计行动步骤。干预者需要在有限的时间内进行有效的干预，因此，需要选择更有针对性的策略进行调节。⑥增强当事人的自我概念及自我信赖感。在进行危机干预时，最终需要当事人自己成长，这样才可以结束咨询。

（四）关系—评估—转介模式

关系—评估—转介模式是由芭芭拉·鲁宾·韦恩瑞伯和艾琳·布罗契提出的。整个干预模式分为三个层次：关系形成、评估与转介。具体介绍如下：

1. 关系形成

危机状况是没有时间容许传统式从容地进行探索，当事人正处于极大的痛苦中，干预者需要在咨询中主动进入状态。在咨询过程中，创伤工作者对于当事人而言代表着某种希望，因此，创伤工作者必须协助当事人增强其仍保留着的希望，或者重新建立新的希望。同时需要意识到干预者自身的影响力，危机干预工作者要检视自己对当事人的反应，需要理清自己能做的和做不到的，并针对这点与当事人及时进行沟通，以免造成不良影响。

2. 评估

在与当事人建立关系时，需要危机干预工作者能够及时地评估当事人的状态。主要从以下几个方面进行评估：第一，迫切性和严重性，首先要评估当事人是否有生命危险，或者有无伤害他人的企图。在评估时要留意一些小事，这很有可能是对当事人极为重要的事情，如一个小玩具，可能到处都有卖的，但对于当事人来说，这却是一个特殊的纪念品，这就需要从当事人的角度去体会了。第二，评估当事人可利用的资源（内在资源和外在资源），内在资源是指当事人在处理之前的困境，以及在认知、情绪及行为上的功能；外在资源是当事人的支持系统的可用性，来自身边的社会支持也可帮助当事人获得动力。第三，评估当事人的严重程度，需要了解面对危机时当事人的哪些行为是正常的，哪些是异常的，然后再进行有针对性的干预。

3. 转介

当危机干预者感觉自己无法处理有创伤的当事人时，就需要进行转介。因此，需要危机干预者保存一份社群资源清单（从支持团体到律师等）以作备用，必要时可协助当事人和这些机构联络。

（五）贝尔金危机干预模式

贝尔金在结合前人理论研究的基础上，提出三种基本的危机干预模式：

1. 平衡模式

危机中的个体通常处于一种心理或情绪的失衡状态。在这种状态下，原有的应对机制和解决问题的方法不能满足他们的需要。因此，危机干预的工作重点应该放在稳定当事人的情绪上，使他们重新获得危机前的平衡状态。这种模式在处理危机的早期干预时特别适合。在病人重新达到某种程度的稳定之前，不能采取也不应采取其他措施。例如，除非当事人已同意活下去是值得的，而这种思想稳定达到至少一个星期，否则挖掘当事人产生自杀意念的原因可能会产生不良后果。

2. 认知模式

危机干预的认知模式基于这样一种认知：危机植根于对事件和围绕事件的境遇的错误思维，而不是事件本身或与事件和境遇有关的事实。该模式的基本原则是，通过改变思维方式，尤其是通过认识其认知中的非理性和自我否定部分、通过获得理性和强化思维中的理性和自强的成分，人们能够获得对自己生活中危机的控制。认知模式较适合于那些心理危机状态基本稳定下来、逐渐接近危机前心理平衡状态的受害者。

3. 心理社会转变模式

心理社会转变模式认为人受遗传和社会学习的影响，并认为人们总是在不断地变化、发展、成长的。他们的社会环境和社会影响总是在不断地变化，危机可能与内部和外部（心理的、社会的、环境的）困难有关。因此在进行危机干预时分析当事人的危机状态，应该从内、外两个方面着手，除了考虑当事人个人的心理资源和应对能力外，还要了解当事人的同伴、家庭、职业、宗教和社区的影响。危机干预的目的在于将个体内部适当的应对方式，与社会支持和环境资源充分地结合起来，从而使当事人能够有更多选择问题解决方式的机会。与认知模式相类似，心理社会转变模式最适于已经稳定下来的当事人。

（六）折中的危机干预理论

折中的危机干预是指从所有危机干预的方法中，有意识地、系统地选择和整合各种有效的概念和策略来帮助当事人。正因为如此，折中主义很少有理论概念，而是各种方法的混合物。与理论概念相反，它是从任务指向来操作的。它的主要任务包括：①确定所有系统中的有效成分，并将其整合为内部一致的整体，使之适合于需要阐释的行为资料；②根据对时间和地点的最大限度的了解，考虑所有相关的理论、方法和标准用以评价和操作临床资料；③不确定任何特别的理论，保持一种开放的心态，对得到成功结果的方法和策略不断地进行实验。

折中理论整合了两个普遍深入的主题：一是所有的人和所有的危机都是独特的；二是有的人和所有的危机都是类似的。之所以说所有的人和所有的危机都是类似的，是因为在各种特殊的危机类型中都存在一致的成分，为我们提供了进行危机干预的一般原则。但是，对每一个当事人的治疗又必须是特别的，每个当事人的经历不同，所看到的危机事件也有一定的差异，在对当事人进行干预时，可能需要大不相同的干预策略。

折中理论并非意味着，握着一把治疗枪无目的地对危机进行扫射。应用折中理论意味着不局限于任何一种教条式的理论方法。相反，它要求将各种理论和方法很好地结合在一起，选择适当的方式以切合当事人的需要。要知道在处理一项危机时，何时从非指导性的干预转变为高度直接的干预，并没有现成的公式可循。作为一种危机干预技术，也没有一成不变的事实说明如何干预会更有效。真正的折中意味着做大量艰苦的工作，进行大量的阅读、学习和实践，并得到其他专业人士的指导和批评，更需要在实践中将所学理论与自身特点进行融合，从而达到最佳效果。

第二章 危机干预的心理辅导技术

危机事件的发生，让有关个体或群体处于急性应激状态中，表现出情绪上的紧张不安或恐惧无助，行为上的失常和无措。这时需要心理辅导人员应用心理学方法和技术，及时帮助他们处理混乱的情绪和行为，协助他们尽快恢复平静，度过危机。一般而言，危机干预中常采用的心理辅导技术主要包括陪护、倾听、引导、安全岛技术以及行为治疗技术等。这几种技术看似通俗易懂，但在实际操作过程中，辅导人员还需要多加学习与练习，才能切实地帮助到危机事件中的当事人。

一、陪护

很多时候，在别人经历着伤心、难过、恐惧等情绪时，我们不需要问为什么，也不需要说太多的话，有时候即便什么也不说，只是静静地坐在他的身旁，安静地陪伴着他，对他来说也是一种无言的支持和安慰，因为我们是在用行动告诉他：“你不是一个人，还有我和你在一起。”

危机的心理干预中，我们首先要为当事人提供一个安全的具有支持性的环境，使当事人能够敢于面对那些令人恐惧、令人躲避的情绪和感受。安全，意味着没有压迫、没有威胁、没有批评等；支持，意味着感到温暖、感到被关怀、感到有人在关注和支持自己、感到不孤独不孤单等。Josselson 曾指出，“在人们彼此需要的所有方式中，支持是最基本的，也是最不引人注目的”。

营造安全的支持性的环境意味着辅导人员要透过语言或非语言行为向当事人传递信息，让当事人感受到辅导人员对他的关怀、接纳、理解和支持。具体的技术包括非批判性态度、非语言行为和支持性语言（即共情）。

（一）非批判性态度

罗杰斯曾经说：“当看着日落时，我们不会想去控制日落，不会命令太阳右侧的天空呈现出橘黄色，也不会命令云朵的粉红色更浓些。我们只能满怀敬畏地望着而已。”

非批判性态度是辅导人员推迟评判当事人的行为动机、避免谴责或者宽恕当事人的想法、情感或行为的能力。非批判性态度亦可称作无条件地接受当事人，这当然并不意味着辅导人员要支持或同意当事人所说或所做的一切。通常，辅导人员通过表达出对当事人表述的情感或经历感兴趣并不对其进行评论或批评，辅导人员便是向当事人表明了这种非批判的态度。换句话说，非批判性态度就是对当事人的正性情感和负性情感都给予无条件的接受。

危机干预中，当事人采取的可能是辅导人员不赞同的应对方式或有着不恰当的价值观，此时，辅导人员容易对当事人进行传统意义上的思想教育，而这往往会使双方之间的辅导关系渐渐疏远。相反，如果辅导人员将当事人看作是一个有价值的、有尊严的、独特的个体，去倾听、理解、接纳，就会促进良好关系的建立，这也是非批判性态度的体现。

（二）非语言行为

危机辅导中，辅导人员可使用恰当的非语言行为来表达温暖和支持。这些非语言行为包括目光接触、身体语言、声音信息、空间距离和微笑等。需要注意的是，这些非语言行为应该恰当并和真诚连系在一起。如果持续地微笑或过分前倾都可能会被看作是虚伪做作，而不是真切诚恳。

1. 目光接触

眼睛可以传递最细微的感情。在危机干预中，辅导人员需要透过这个心灵的窗户，有效地了解和表达情感。一般来说，当对方在叙述时，辅导人员需要注视着对方的眼睛，这样，既表达了尊重和关注，也能察觉到对方的情绪和感受。例如，如果对方的目光不与辅导人员交流，可能表示对方沉浸在自己的痛苦感受中，或不想让辅导人员觉察到自己内心的感受；如果对方只是扫视一下辅导人员，则可能表示对方不太信任辅导人员或对辅导人员说的话不满意；如果再配上摇头、皱眉等其他非语言行为，那这种含义就更清晰了。同样，作为听者的辅导人员如果做出这些动作并被对方发现，也会影响到对方的情绪和叙述。

若辅导人员提的问题让当事人感到不舒服或有厌倦感、羞耻感时，对方通常也会不愿注视辅导人员，借以作为一种抗拒和隐瞒。此时，辅导人员需要检讨并放慢速度跟着当事人的节拍走。

而一个性格内向、羞怯的当事人也会不习惯过多的目光接触，他可能既不会太多地注视别人也不愿别人老是看着自己。这时辅导人员需要保持敏感，采用直接而间歇性的目光接触而非持续地盯着对方。

通常，当眼神接触频率较多时，表明双方已建立了较好的关系。

2. 身体语言

在危机辅导中，双方的身体、手势和位置在相互的沟通中同样起着重要的作用。身体语言的变化往往能反映辅导中情况的变化。辅导人员也需要通过自己的身体语言给当事人以可信赖的感觉。

否定性的身体语言通常表现为：身体位置旋转45°斜对着来访者、身体向后仰、跷着二郎腿、胳膊交叉在胸前等。辅导人员的这些行为会让当事人有一种不被接纳、不被尊重的感觉。同样，若当事人出现胳膊交叉在胸前的姿势，则表明一种防卫，表示否定、拒绝或疏远。因而在危机辅导中，辅导人员一定要保持一种接纳的、坦诚的态度，从而逐步使当事人解除戒备。

辅导人员也需要使自己处于松弛状态，保持专注，密切关注当事人的身体语言。若当事人的身体由紧缩、僵化转为松弛自在，紧靠在一起的双腿开始分开，交叉的双手放了下来时，往往表明当事人内心由紧张、封闭开始变得放松、开放。相反，如果当事人由松弛变为紧缩、僵化，则可能是辅导人员的言谈举止不当或不被对方所接受，当然也有可能是触动了当事人的敏感要害处，这时需要给予特别注意。

在辅导过程中，辅导人员还应尽量少做一些小动作，如扣手指、拨弄笔或头发等。这些小动作往往会给当事人留下不佳的印象。反过来，辅导人员需要留意当事人的一些小动作，如果当事人出现双手紧绞在一起或反复摆动、僵直身体坐立不安等，这往往表明当事人情绪的紧张和内心的不安。此时辅导人员应设法使其放松，同时略微倾身于当事人，这样会使当事人感到被接近、被理解。

身体动作不仅表现出一个人此时此刻的思想、情感，在一定程度上，身体语言还能反映一个人的心理状态。亚历山大·洛温认为，“没有任何语言比身体语言更能表达人的个性了”。

3. 声音信息

声音有第二语言的功效，它对言语起到加强或削弱的作用。如果声音所传达的信息与言语所传达的信息一致，则加强了言语所传递的信息，反之则会起到削弱、否定的作用。因此，言不由衷的讲话，亦会被声音所暴露。例如，当当事人向辅导人员叙述他的恐怖经历时，辅导人员如果口头说："有我陪伴着你。"然而语气是远离的、随便的。这时，虽然语言表达的是一种陪伴关怀，而声音却是淡漠的，当事人可能更相信声音的信息而非语言。危机的心理辅导中，辅导人员要给当事人一种力量感、温暖感，因而辅导人员的语气要坚定、关切。

声音特质通常包括嗓音的音质、音量、音调和言语速度。人们借助于声音的轻重缓急来自觉不自觉地表达自己的思想和情感。一个人的个性可以透过声音外露出来。急性还是慢性，自信还是自卑，坦率还是躲闪，都能在声音上流露出来。另外，声音的变化也很重要。在心理辅导中，当事人在叙述事情、谈论自己和他人时，其语气的突然变化都能够给辅导人员提供不少信息。

4. 空间距离

一般来说，在专用的咨询室内，作为相对固定的沙发，辅导双方按各自的位置就座即可。两人之间的距离一般以一臂左右为好。在危机干预中，相对缩短距离可以最大限度地表达辅导人员对当事人的关切程度。

（三）支持性语言

支持性语言，也称"共情"，是指辅导人员暂时抛开自我而与对方认同，通俗地说，即设身处地地走进对方的内心世界中去，去体会对方的情绪、情感体验，并向对方表达出来。有时也称为"同理心"。在危机干预中，共情是十分重要的。当辅导人员能体验到当事人的感受并给予准确的传达时，当事人就会感受到被理解，这时双方的心理相容度就很高。往往，心理相容度越高，当事人就越会敞开心扉。

共情不是辅导人员对当事人诉说较长时间后的简单总结，而是源源不断地对当事人在表达中的瞬间感觉作出反馈，使当事人有种辅导人员始终与其有共同体验和感受的感觉。辅导中，辅导人员需尽量做到"无我"，不断地提醒自己放下"我"的想法，把当事人放在核心位置上，并要对"此时此刻，我的感受是什么"保持相当的敏感。以自杀者的危机干预为例，倘若辅导人员的反馈是："我可以理解你的这种心情……"那么这种反应是以其自身为参照系统的，是在与当事人交流自身体验的水平上进行的；倘若辅导人员采用的是另一种反馈："真的很痛苦，要是我可能也会想到死……"此时辅导人员设身处地地表明了自己的态度，当事人就会感觉到自己被理解了。

Carkhuff 将共情划分为两种形式：初级共情和高级共情。初级共情是指辅导人员体验到当事人的感受，理解当事人，并将这种体验和理解传达给当事人；高级共情是指辅导人员体验到当事人自己尚未意识到的情感、欲望和行为反应，并将其反馈给当事人。这两者都是以准确的共情为前提的。要做到准确的共情必须时刻关注三个因素：第一要有共情意识，认识到共情的必要性；第二要掌握共情的技巧，知道如何进行共情；第三要有判断力，对共情的效果有准确的认识。

有专家提出治疗性煽情的概念，即辅导人员设身处地地体验到当事人压抑、潜伏的情感，并将其煽动起来，让其上升到意识水平，促进当事人对自身情绪的领悟与表达。在危机干预的过程中，当事人可能因伤害的突然发生而未能很好地意识到自己的情绪情感，而这种未意识到的情感常常是最具有伤害性的，因此，在心理危机干预中，如果使当事人清楚地认识到自己的真实情感，会起到很好的效果。

我们的社会文化总是鼓励人们崇尚“坚强、忍辱”等，所以人们通常会千方百计地逃避情感上的问题。很大一部分危机干预的对象是“不敢说不，不敢说痛”的人，从而出现了过度的情绪压抑。辅导人员运用共情引导当事人通过恰当的渠道将情绪发泄出来。随着心理干预的深入，当事人的痛苦情绪逐渐暴露，有时候会出现很强烈的情绪反应，如哭泣。冲破自身的防御而将痛苦发泄出来，对后续的进一步干预非常有效。

共情是危机干预过程中重要的技术之一，它贯穿于危机干预的始终。共情过程中，辅导人员认可的是当事人的情感而非行为，当当事人将那些不良的情感充分宣泄之后，辅导人员再继续与其作进一步探讨，引导当事人寻找积极生活的意义。

二、倾听

沟通永远是双向的。倾听是说话的另一面，会听的重要性不亚于会说，而且这可能更困难，您能够连续听 45 分钟的谈话而不会让思绪飞走吗？良好的倾听是一种艺术，它需要您心智上的全神贯注。(Potter，1965)

倾听是心理辅导的第一步。倾听既可以表达对当事人的尊重，也可以使其在宽松和信任的氛围下诉说他的烦恼和困惑。倾听时，辅导人员要认真、有兴趣、设身处地地听，并适当地表示理解，不带偏见、不作价值评判。

心理辅导中，一般将倾听定义为三个历程：接收信息、处理信息以及传送信息。前两个过程属于辅导人员的内心活动。

在接收信息历程中，当事人的语言和非语言形式的信息均属于辅导人员需要接收和处理的刺激。因此，倾听不仅要用耳，更要用心。不但要听懂当事人通过言语、表情、动作所表达出来的内容，还要听出当事人在交谈中所省略掉的和没有表达出来的内容或隐含的意思，甚至是其本人都没有意识到的东西。这就需要辅导人员能以机警的态度深入到当事人的感受中，去细心地注意其言行、表达问题的方式以及叙述时伴随的停顿、语调变化、表情、姿势等，以作出完整的判断。

在处理信息历程中，信息一旦被接收，就须以某种方式加以处理。处理包括思考信息并推敲它的意义。处理之所以重要，是因为辅导人员的认知、自我对话和心智的预备及想象为接下来的反应作铺垫。信息处理过程中可能会发生误差，比如误解当事人的信息，或因为辅导人员的偏见或盲点而无法有效地接收当事人的信息。辅导人员倘若觉得自己在处理信息历程中有待更深入的发展，则更多地需要个人心灵的深层次的成长。

传送信息历程包括辅导人员向当事人传送语言和非语言信息。有时辅导人员可以正确接收和处理信息，但因缺乏表达技巧而无法有效传送信息。相对于接收和处理信息的内心历程所发生的失误，传送信息时出现的问题更容易被矫正。

倾听的第三个历程中，还包括澄清、内容反映和情感反映、隐喻鼓励和摘要技术等。

（一）澄清

因为大多数的信息是根据说话者自己的内在参考架构表达出来的，造成信息的模糊或混淆不会是偶然。Hein（1980）认为，澄清是要求当事人详述“一个模糊、暗示性的陈述”。澄清通常以问句的形式来表达，如“您是说……”或“您能否澄清……”等。澄清可以使当事人先前的信息更明确，并且可以检验辅导人员所听到的信息。尤其在准备做结论之前，先确定当事人的信息是很必要的，而不应该依赖未经探讨和证实的假设和推论。

正确地使用澄清技术需要进行以下步骤：首先，确认当事人口语和非口语的内容及他所传达的是什么信息；其次，确认信息中辅导人员需要检核正确性或需要详尽陈述的任何模糊或混淆的部分；再次，决定一个恰当的语句来表达，并恰当调整辅导人员的音调进行询问；最后，根据当事人的反应来评估辅导人员澄清的有效性。倘若当事人详尽陈述了信息中混淆的部分则有效；若当事人沉默、忽略辅导人员对澄清的要求，则属于无效，此时可尝试再次要求澄清。

（二）内容反映和情感反映

除了要澄清当事人信息的正确性之外，辅导人员还需要倾听当事人生活中的重要情况和事件以及当事人对这些事件的感受。当事人所述信息中一般包括其关注的焦点和感受。前半部分我们称之为信息的内容部分，后半部分则称为信息的情绪部分。例如，我该怎么告诉我的男友我想要分手？他将会非常的难过，我想我是很害怕告诉他。在这个例子中，第一句话是内容部分，描述了想要分手的情况；第二句是情绪的部分，指出当事人对这一情况的情境——害怕告诉男友她的意图。

倾听时，辅导人员需要对当事人的表述作出内容反映及情感反映。这两种反映能将会谈导入不同的方向。

1. 内容反映

内容反映是对当事人的内容给予选择性注意，将其关键想法以辅导人员自己的语言进行诠释。反映时需要谨慎地用词以引导其更深入地讨论或增加当事人对这部分问题的理解。例如，当事人说："我知道我整天这样闷在家里对我的忧郁一点帮助也没有。"辅导人员可以反映道："你认为你需要多出去走走，这样会对减少你的忧郁有帮助。"

使用内容反映有以下四个目的：第一，可以告诉当事人你了解他表达的意思，如果你的了解是完整的，当事人便可以接着详述他的想法；第二，可以鼓励当事人详述他关键的想法或观念，当事人可以更深入地谈论重要的主题；第三，协助当事人聚焦于一个特定的情况或事件、想法或行为上；第四，有时候内容反映可以协助当事人作决定，因为很多时候关键想法的重述可以澄清问题的本质。

2. 情感反映

情感反映是指辅导人员辨认当事人语言与非语言行为中明显或隐含的情感，并反映给当事人，协助其自我觉察、接纳自己的感受。不同于内容反映的是，情感反映增加了情感的成分。例如，当事人述说：所有的事都那么无聊，没有一点新鲜感，没有一点刺激感。我现在一个人，多希望我有资本可以去做一件特别的事。辅导人员的内容反映是：因为你现在是一个人，而且没有资本，现在的你感觉没什么可做。情感反映是：对你来说，现在的境况让你觉得有些厌烦。

一般来说，情感反映分为四个部分：①代词，你或当事人的名字；②情绪性字眼；③语根，如“你觉得……” “你似乎感觉……” “你似乎感到……”这样的引导句子；④情绪的情境性描述，有时要包括时态，如“昨天张三令你感到生气”。

情感反映可以帮助当事人正确地区别各种不同的感觉。例如，当事人常使用焦虑或紧张等感觉的用词，但这种描述可能并没有正确地描绘出他们的情绪状态。“我很紧张”，描述的却是沮丧和怨恨的情绪感受。有些当事人常会用比喻来形容自己的情绪状态，lvey（1993）指出比喻仅仅是表面的表达，暗示了更多在当事人身上发生的事情。正确的情感反应可以协助当事人对各种情绪状态有更清楚的了解。如果当事人的叙述中包含有一种以上的情感，辅导人员需要将不同的情感反映给当事人。所以，日常生活中辅导人员需要积累丰富的情感词汇，情绪用词的选择不仅要符合当事人的情绪类型还要配合其情绪的强度，过度使用一些常见的情绪用词会错失当事人情绪经验变化的细微差异。

在作出情感反映时还需要注意，辅导人员只是重述或反映已清晰听到的当事人说过的内容，不要解释或猜测。

（三）隐喻鼓励

隐喻鼓励是指对当事人所说的内容作选择性的重复，或以某些词语如“嗯……”“是这样”或“后来呢”等来鼓励当事人进一步讲下去或强调对方所讲的某部分内容。这在辅导过程中是使用最多的技术之一，也是每一个辅导人员需要掌握的。

隐喻鼓励的作用是：第一，隐喻鼓励可以促使讨论进一步深入。一般在初次会谈时，当事人在讲了一些问题后，总会以“不知道该怎么办”来结束。这时辅导人员不能因为自己亦不知道怎么办而结束会谈，也不应该根据自己的经验告诉当事人该怎么做。而是在听到“我不知道该怎么办”时，只要重复“你不知道该怎么办”，当事人可能就会继续讲到“我曾经怎么办，怎么办……”。如此，辅导人员可以在当事人的叙述中，找到谈话的突破点，使谈话有效地继续。第二，隐喻鼓励可以控制谈话的内容和方向。当事人很容易跟着辅导人员简单的隐喻鼓励说下去，尤其当需要对一些思想或情绪作深入的探讨时，隐喻鼓励可以发挥很大的作用。

每一个简短的鼓励都可以看作是对当事人的一个强化。隐喻鼓励看上去比较简单，但它对当事人的影响确实是不容忽视的。

（四）摘要技术

摘要技术是指辅导进行一段时间后，辅导人员将两人谈话的要点整理与归纳（包括感情与想法），然后回应给当事人。或是，辅导人员请当事人将他们谈话的内容进行重点式整理，再表达出来。

通常，当事人在陈述了一段时间的信息之后，他的信息会呈现出某种一致性，即主题。Varkhuff 提到，主题是当事人信息中不断以某种方式提到或引述的话题，辅导人员在倾听过程中可以了解到当事人一再重复的事情从而确定主题。主题通常提示当事人试图陈述着辅导过程中需要注意的内容。例如，在假设多次的辅导中，当事人不断地提到同性恋的关系，但尚未明白地确认这个议题，此时，辅导人员可以使用摘要技术从这些重复的内容中确认这个议题。可以说：我发现在这几次谈话中，你一直提到同性恋的关系，也许对你而言，这是一个我们可以集中讨论的议题。

在使用摘要技术时要把握好时机。关键在于内容反映的是针对当事人所述的一两句话进行整理，而摘要技术是对当事人一段时间内的谈话内容进行的整理与归纳。它可以使用于：①一个主题结束之后跳到另一个主题之前，辅导人员将上一个主题的谈话内容进行摘要，然后进入下一个主题。②在一次辅导结束之前，辅导人员将该次的谈话内容进行摘要，协助当事人弄清楚该次辅导的重点。③下次辅导一开始，通过摘要上一次的内容，协助当事人顺利进入此次辅导中。④辅导进行一段时间后，辅导人员可以摘要谈过的内容，协助当事人串联相关的信息。

摘要技术的功能包括：第一，协助当事人统整有关的信息。辅导时，当事人因为受到问题的困扰，在表达问题时较凌乱，无法理出头绪，或看不到不同信息之间的关联。辅导人员将当事人叙述的内容进行归纳，联系不同的信息，协助当事人进一步看清问题。第二，澄清辅导人员对当事人的了解。辅导人员对当事人的陈述进行摘要后，当事人可能会作出修正或确认，以此能够协助辅导人员对当事人有正确了解。第三，协助当事人产生新的看法，以及设定处理问题的目标，辅导人员摘要两人的谈话内容时，必须将不同的信息连贯、组织与归纳，所以，摘要常常可以呈现出新的意义，协助当事人对自己的问题产生新的想法。

以上是倾听的技术和要求。但有三类辅导人员似乎在倾听时会有较大阻碍：①狂热的辅导人员。这类辅导人员很热情且行动力较强，可能无法静静地坐着并进入当事人的故事情境中。②以自我为中心的辅导人员。这类辅导人员比较自恋，常会发表自己的想法，很多时候当事人似乎没有机会陈述自己的内容。③自我专注的辅导人员。这类辅导人员外表上看来是比较专注，但其内心有着很多“内在的杂音”，以致在情绪上无法进行真正的倾听。另外，民族差异及性别差异也可能是倾听的阻碍之一。每一个辅导人员都应该思考自己属于哪种类型，并试着在辅导当中调整自己。

三、引导

一般情况下，个体都能知道自己的所思所想、所作所为。在危机干预中，面对突发事件，一时反应不过来，且很多时候受伤的内心世界常有不甚明了的东西，表现出愤怒、害怕或烦躁等，这就需要辅导人员引导当事人冷静地了解自己的心理、动机与行为的意义。一般说来，在辅导人员与当事人建立了良好的关系并了解了危机的诱发事件之后，辅导人员有必要与当事人一起去了解在危机事件当中当事人所存在的思维方式，从而发现解决问题的方向。

引导在辅导当中有着重要的作用，尤其是在危机的心理干预中。辅导人员根据当事人自身的特点，运用专业技能与其进行探讨，使当事人能够更全面地看待自己或环境。这里我们侧重叙述危机心理干预中常采用的思维方式的引导和决策的引导。

（一）思维方式的引导

1. 情绪与思维方式的关系

多数人认为情绪来自人们的内心，他们自发而来，个体是无法控制何时产生情绪及产生何种情绪的。但是，这个假设并不是真的正确。大多数时候，我们的情绪是对我们当时思维的反应。有时候我们已经习惯了某种思维，以至于我们甚至不能意识到我们正在体验这些思维。这就是所谓的“自动思维”，因为我们出于习惯并没有清晰地意识到这些思维，而且以为每个人都像我们一样思维。其实有些思维并不是那么准确，甚至是些无用的思维，即无益思维。校园危机干预中，辅导人员一般首先需对当事人的情绪作出干预。在此过程中，辅导人员应引导当事人认识到当下的情绪与这些无益的思维方式之间存在的关系，通过与辅导人员的合作共同努力，使得当事人学会将他们的想法和现实中发生的事件区分开来。

不良的情绪往往是由于非理性、非现实的思维方式产生的。贝克坚信有情绪困难的人倾向于犯一种特有的“逻辑错误”，即将客观现实向自我贬低的方向歪曲。这类思维方式通常有以下九种表现。

(1) 非此即彼的思维方式，即从一个极端走到另一个极端的认知，如果他的言行未达到完美，则他自视为一个失败者。

(2) 以偏概全，亦即过度概括化。一件事做错就是一无是处的废物，通过一本书的封面就能判断一本书的好坏。

(3) 心理过滤，挑出某一消极细节念念不忘，现实境况则暗淡无光。

(4) 贬抑积极的事物。

(5) 仓促作结论，并没有令人信服的证据支持他的结论，就作出了消极的注释，或是瞎猜测，或煞有介事地预言，但都是无根据地悲观。

(6) 夸大其词，指或夸大某些事物的重要性（诸如自己的失误或他人的成就），或过分贬低某些事物，把他们说得微不足道（如他人的缺陷或自己的成就）。

(7) 情绪推理，即认为自己的消极情绪必然反映了事物存在的真实情况。

(8) 虚拟陈述，努力用“应该”和“必须”来要求自己和别人，结果不能实现时就会感到内疚、愤怒、不满等。

(9) 人格化，把自己看成是某一消极的外在事故的原因而实际上并不需对它负主要责任。

2. 不合理思维方式的引导

雷米认为，不正确的、功能失调的思维主要指个体对自我的不正确或不恰当的评价，即错误的自我概念。这些错误的自我概念不是独立存在的，而是以群集的方式表现出来。每一个错误观念的群集都对应着某一类情绪障碍。例如，与抑郁情绪有关的群集有：“我过去、现在和将来都是没有希望的”“我永远不会受人重视”“我无法从事正常活动”，等等。这些观念大都以“我”为主语，实际上是对自我的一种判断。贝克（1976）认为，改变功能失调的情绪和行为的最直接方式就是修改不正确的及功能失调的思维。在危机的心理干预过程中，辅导人员可以结合当事人存在的主导情绪了解其功能失调性思维，例如，辅导人员在察觉到当事人的主导情绪是抑郁时，则可根据与抑郁情绪有关的群集思维进行较有针对性的了解，并引导当事人识别、观察和监督自己的想法与假设，尤其是那些消极的自动想法。我们可以从以下四个方面进行引导：

(1) 识别自动化思维。通常，这些功能性失调思维已成为当事人的思维习惯，大多数当事人不能意识到在不良情绪反应之前会存在这些思想。因此，辅导人员首先要引导当事人学会觉察和识别这些自动化思维及其过程。可通过提问引导当事人想象事件发生的场景或进行扮演等方式帮助当事人识别。

（2）识别认知性错误。认知性错误即当事人在概念和抽象性上常犯的错误。较之自动化思维，认知性错误更难以识别。辅导人员可引导当事人对其在不同情境、不同问题上的自动化思维进行归纳，找出共性。

（3）真实性检验。将当事人的自动化思维和认知性错误视为一种假设，然后鼓励当事人在严格设计的行为模式或情境中对这一假设进行验证，从而使当事人认识到他原有的观念与实际是有差别的，需要作出适当调整。

（4）去中心化。很多当事人总会感觉到自己是他人注意的中心，自己的一言一行、一举一动都会受到他人的评价。为此，他常常感到自己是无力的、脆弱的。如果某个当事人认为自己的行为举止稍有变化，就会引起周围每个人的注意和非难，那么，辅导人员可以引导他不像以前那样去与人交往，即在行为举止上稍有变化，然后要求他记录他人不良反应的次数，结果他会发现其实很少有人注意他言行的变化。

3. 思维方式引导的具体事项

（1）确定当事人存在的不合理思维方式。

危机干预当中，在当事人的情绪较为缓和后，为了尽快发现当事人问题背后的不合理观念，辅导人员的首要任务就是要把当事人引导至某个特定的问题范围内。辅导人员要求当事人集中注意那些具体的问题和可以观察到的事实，然后引导他们进行体验和反省，此时，常会发现当事人以往忽略的事实。具体来说，辅导人员可以通过提问、自我审查或者是两者结合的方式来实现。

提问中，辅导人员提出某些特定的问题，将当事人的注意力导向与其情绪和行为密切相关的方面。这些问题指导着谈话方向，并引发出许多当事人之前经历过但忽略了的问题。对于某些较为重要的问题，辅导人员可变换几种方式来提问，这样可以使问题突出，从而使当事人能够把他意识到的和尚未意识到的经验联系起来加以比较，发现自己思维过程中不合理的地方。

自我审查就是鼓励当事人说出他对自己的看法，并对自己的这些看法进行细致的体验和反省。辅导人员通过特定的问题，使当事人注意到被他忽略了的经验。由于这些经验就是当事人当前不适应情绪和行为的认知基础，因此，对这些经验重新加以体验和评价就能使当事人很快发现自己存在着一些不合逻辑的区域。而一旦当事人能够认识到这一点，他就有可能从这种不合理的认知框架中摆脱出来。

辅导人员在引导时应特别注意使谈话内容基于具体的、可见的事实，避免陷入空洞的理论探讨中。在校园心理干预中，有些当事人很愿意和辅导人员讨论一些理论上的问题。他们可能对某些心理学理论有所了解，便常喜欢用这些理论来解释分析自己的问题。如果辅导人员对此不能加以正确的引导，就会使谈话显得抽象和空洞，阻碍辅导的正常进行。另外，辅导人员应善于引导当事人自己去思考，尽量调动当事人自己的潜能去解决自己的问题，而不是给当事人灌输某种思想，或告诉当事人这样想是对的，那样想是错的等。

（2）表层错误观念的检验。

所谓表层错误观念，就是指当事人对自己的不适应行为的一种直接、具体的解释。例如，一个抑郁症患者可能把自己的退缩行为解释为没有能力去做某件事情；一个校园暴力的发起者可能把自己的攻击行为解释为对他人不尊重自己的一种反击。对于这些错误观念，可以采用以下技术进行引导：

第一，建议。建议当事人进行某项活动，这项活动与他对自己的问题的解释有关。通过这项活动，当事人可以检验自己原来的解释是否正确。例如，校园暴力的发起者可以去了解那个激怒他的同学是不是对待其他人也是这样的。

第二，扮演。引导当事人进入一种情境，对其错误观念的作用方式及过程进行观察。这种情境应根据当事人的问题及其对问题的解释，由辅导人员与当事人一起来设计。辅导人员和当事人可以扮演不同的角色，渐渐地，当事人的行为及其观念会通过其所扮演的角色表现出来，这样可使当事人对自己的观念有一个直接的观察和体验。当事人通过观察自己所扮演的角色，从而更客观地看待自己的问题。

（3）核心错误观念的纠正。

深层的错误观念往往表现为一些抽象的与自我概念有关的命题，如“我是毫无价值的人”，他们往往并不是根据具体的事件及行为来判定的。这就需要使用一些逻辑水平较高的技术加以纠正。纠正核心错误观念的技术大多都涉及对句子的语义分析，核心的错误观念一般是关于当事人的自我观念的，这些自我观念常常表现为一种特殊的句式，即“主—谓—宾”的句式结构，如“我是一个笨蛋”。这是一种逻辑判断式的句子结构，一旦当事人用这种结构来表达对自我的态度，他就有可能用这个判断来概括他的一切行为。“我是一个笨蛋”实质上暗示着自己在很多方面都是笨蛋。

对这类句子进行语义分析，主语“我”应包括与“我”有关的各类客体或与“我”有关的各种行为，而“是”后面的表语则描述的是主语的整体性质。因此，从语义学的理论来看，“我是一个笨蛋”意为与“我”有关的各种客体和行为都是笨的，而这显然没有逻辑意义。可以说在某件事上我是个笨蛋，但不能说我的外貌就很笨等。而且处于表语位置上的词不能被客观评定，那么这样的词也就没有意义。如“笨”的含义是不清楚的，并没有一个客观标准来判断某人是笨还是不笨，但可以换作“智商不高”，通过“智商”这一客观标准来加以限定。

因此，在引导的时候，要使一个有关自我概念的句子有意义，必须做到两点：第一，要将主语上的“我”换作一个与主语有关的具体事件或行为；第二，表语位置上的词必须能够根据一定标准进行评价。通过语义分析和转化，辅导人员就可以引导当事人把代表他深层错误观念的无意义的句子转变为具体的有特定意义的句子，通过这一客观化过程，当事人渐渐地学会更客观地看待自己。

每一次辅导之后，辅导人员都可以根据具体情况给当事人布置家庭作业。只有在实际生活中能够做到完全依靠自己来调节认知、情绪和行为时，才能收到最好的疗效。

（二）决策的引导

作决策对于某些对象来说，是比较困难的，这在辅导当中是一个较普遍的问题。辅导人员有必要引导当事人进行理性的决策：首先，引导当事人列出每个备选方案的利弊，尽量使每个备选方案的利弊项目与另一备选方案相对应，以此更好地作出决策；其次，引导当事人评估每一个项目的重要程度。倘若当事人据此作出了初步决策，辅导人员就可以进一步引导当事人对其决策结果进行规划。现举例加以说明：

校园暴力事件之后，受害者觉得自己在班内很丢面子，决定转学，但终究下不了决定，在辅导教师的引导下，受害者就“留校与转学分别进行了利弊分析（如下表所示）。

受害者留校与转学利弊分析表

留在原来学校之利	留在原来学校之弊
1. 还有很多好友在这里 2. 我已经熟悉了这里的生活 3. 不用太劳烦父母 4. 调节好这件事，会让我终身受益 ……	1. 会让我感到大家都瞧不起我 2. 还要继续面对那个可恶的伤害我的家伙 3. 若处理不好，我可能将长久地处在这样的阴影中 ……
转学之利	转学之弊
1. 我可以在新的环境里安心学习 2. 我可以结识更多朋友 ……	1. 我可能会在一段时间内感到不适应 2. 父母要费一番周折帮我转学 3. 转学可能会让我感到自己在逃避 ……

在当事人列出了较全面的利弊分析之后，引导当事人对每一项的重要程度，可以用 0 ~ 10 来评估或者圈出自己认为最重要的项目，然后根据当事人圈出的项目进行讨论。例如，假如当事人圈出了上表的两项，说明当事人更偏向于留在原来的学校，则辅导的中心将围绕如何在原来的学校处理好可能面对的挫败感和压力。

以上简述了心理危机干预过程中，辅导人员对当事人的思维方式及面对抉择时的引导。除此之外，还有很多方面需要辅导人员的引导，如引导当事人去考虑其从未想到的某种解决问题的策略等，以使当事人意识并领悟到自己忽略掉的方面。

四、安全岛技术

心理危机干预过程中，在了解了当事人的基本情况之后，需要对当事人进行支持性的干预，即稳定化技术。稳定化技术的主要目的是建立内在的稳定性，从而远离内心世界的危险地带，以此作为面对创伤的基础。

荣格说："安全感是人的第一愿望。"人们认为自己的出生并非是自己的选择，于是有了天生的被动感，它决定了心灵上与生俱来的不安，所以，安全感就成为个体最重要的愿望。安全感意味着可掌控感。“不可控制”就是夺走个体安全感的罪魁祸首。

安全岛技术是一种尝试让当事人逐渐拥有掌控感的方法。在安全岛练习中，当事人在内心想象出一个完全由自己构建营造、感觉有控制感、虚拟却很安全的地方。这个地方完全属于当事人，只有他一个人可以进出，不会受到任何人的打扰，在这个安全的地方能感觉到绝对的舒适和惬意。安全岛上不存在任何压力，只有好的、保护性的、充满爱意的东西等存在。如果进入安全岛时，产生强烈的孤独感的话，可以找一些有用的、友好的物件等带上。这是安全岛技术的必要前提，这些前提往往比指导性语言重要得多。

安全岛应该是受到很好的保护的，并且有一个良好的边界。在这个岛上，当事人绝对有能力阻止未受邀请的外来物闯入，即便是好朋友，也不被邀请到这个地方来，因为与其他人的关系也包含有可能造成压力的成分。

在对练习进行解释、一般性准备之后，可以引导当事人进入想象放松，而后进行安全岛练习的指导。安全岛技术的准备工作是否做足，对于效果好坏具有决定作用。

（一）准备阶段

选择一处安静舒适，不会受到干扰的地方，向当事人介绍安全岛技术。

（二）想象放松

在想象练习之前，先对当事人进行放松诱导，使当事人处于一种身心完全放松的状态，从而更易于进入想象练习之中。放松练习的指导语如下：

（1）如果你愿意，现在请你以自己觉得最舒服的方式放松自己的身体，倘若觉得自己不愿意放松，可以跟着下面的指导语继续。

（2）留意自己脑海中浮现的念头，注意那个越来越清晰的念头，感受此刻自己的内心，并注意这个念头是怎样变化的。

（3）念头慢慢散去，将注意力集中于呼吸上。感受气体在鼻孔的流动，平静、均匀，自己的胸腔一升一降，缓缓地，腹部一起一伏。体会几秒钟自己身体此刻的感觉……

（4）想象，每一次自己吸进来的都是清新的空气；每一次的呼气，都排除一些东西，内心的焦虑、疲劳等，每一次的呼气都让你感觉到解脱了一点。渐渐地，感到自己多了一份舒适和安宁……

（三）安全岛技术的想象练习

在当事人完全放松后，可以引领当事人进行安全岛的想象练习。安全岛练习的指导语如下：

(1) 我想邀请你，为你自己构建一个“安全岛”，构建一个只属于你自己的“安全岛”，它是在你的想象中的，它应该是有边界的，只有你一个人可以造访。你可以带一些你喜欢的物品到你的“安全岛”上去，比如友善的、可爱的、可以为你提供帮助的东西，等等，但注意只是一些东西，而不是某些人。这个地方是能够给你最安全、最舒服、最放松的感觉的……

(2) 或许你看到了某个画面，或许你感觉到了什么……别着急，慢慢找，这是个神奇、安全、惬意的地方……

(3) 跟随自己的想象，任随它出现，无论出现的是什么，就是它了……

(4) 如果你在寻找安全岛的过程中，出现了不舒服的画面或感受，别太在意这些，要告诉自己，现在你只是想发现好的、内在的画面，处理不舒服的感受可以等到下次。现在，你只想找一个美好的、舒服的，利于你康复的地方……

(5) 你可以肯定，肯定有这么一个地方，你只需要花一点时间、一点耐心……

(6) 有时候，要找一个这样的安全岛还有些困难，因为还缺少一些有用的东西。但你要知道，为找到和装备你内心的安全岛，你可以动用一切你能想到的工具，比如交通工具、日用工具、各种材料，还可以使用魔法，你可以动用一切，你也有能力动用一切……

(7) 当你到达自己内心的安全岛时，环顾四周，感受一下自己，是否感到非常舒服、非常安全、非常惬意……如果是，就留在这里；如果不是，就变换一下，直到自己觉得舒服为止……

(8) 如果把你的小岛装备好了，请你仔细体会，你的身体处在这样一个安全的地方，都有哪些感受？

你看见了什么？有哪些物品？形状如何？颜色如何？大小如何？

你听见什么声音了吗？

你闻到什么气味了吗？

你的皮肤感觉到什么了吗？

你的肌肉有什么感觉？

呼吸怎么样？

腹部感觉怎么样？

……

现在，请你尽量仔细地体会当下的感觉，这样你就会知道，到这个地方的感受是怎样的。

(9) 如果你在你的小岛上感到绝对安全，就请你用自己的躯体设计一个特殊的姿势或动作，用这个姿势或动作，你可以随时回到这个安全岛上来。以后，只要你一摆出这个姿势或者做这个动作时，它就能帮你在你的想象中迅速地回到这个安全的地方，安全的感觉就会立刻回到你的身上。你可以握拳，或者把手摊开……

(10) 请带着这个姿势或动作，全身心地体会一下，在这个安全岛的感受有多美好……

(11) 撤掉这个姿势或动作，平静一下，慢慢地睁开眼睛，回到自己现在所在的房间里，回来之后，你会感到更愉快，身体更轻松……

(12) 下面我会倒数 3 个数，当我数到 1 时，慢慢地睁开你的眼睛。

安全岛技术属于想象练习，想象练习假设人不可能同时有强烈的正性体验和强烈的负性体验，如此看来，增强当事人的正性体验将有助于当事人与负性体验之间保持适当的距离。想象练习在具体操作上是从表象、各种感官感受、情绪、躯体感觉等多个角度帮助当事人建立强烈具体的正性体验，从而暂时地远离负性体验。通过想象练习，可以帮助当事人在内心世界构建起一个安全的地方，适当远离令人痛苦的情景，增强其自身的可预测感，强化其安全感，但这并非是将意识层面与痛苦情景彻底隔离。在对难以想象的无实形的负性体验进行加工时，可以将负性体验赋予具体的形式和性质，将其物质化，再加以针对性的处理。

等待当事人找到自己的安全岛往往需要一些时间。辅导人员需要具备的最重要的特质就是要有耐心，等待当事人。

五、行为治疗技术

1954 年，斯金纳（Skinner）和林斯利（O. R. Lindslwy）最初提出了行为疗法。1958 年，沃尔帕（J. Wolpe）在《交互抑制心理疗法》中介绍了行为治疗的方法，并运用了系统脱敏疗法——第一个行为治疗的技术。行为治疗技术是通过对行为的评价以及一定的行为学习的程式，指导或帮助当事人调动这些能力，来消除或改变那些异常的或不良的适应行为，或者建立新的健康的行为去取代那些不正常的行为，其主要的理论依据是巴甫洛夫的经典条件反射原理和斯金纳的操作条件学习原理。

在校园危机事件的心理干预中，常用的行为治疗技术有：放松训练、系统脱敏疗法、自我控制法以及模仿学习法。另外，眼动脱敏再加工疗法也将在本节予以介绍。

（一）放松训练

放松训练又称自我调整疗法，是一种通过训练有意识地使机体主动放松来控制自身心理、生理的活动，降低唤醒水平，改善因紧张反应所造成的机体紊乱的心理、生理功能的治疗方法。心理应激会引起紧张反应，这是与交感神经系统活动增强有关的。在交感神经活动过度的情况下，会引起过度的紧张反应而成为某些疾病如高血压、冠心病等的发展变化的重要因素。而松弛反应则以减低交感神经活动兴奋性为特征，对抗了紧张反应的作用，因而对治疗预防疾病有很大益处。

以放松为主要目的的自我控制训练众多，如我国的气功、印度的瑜伽术、日本的坐禅、德国的自生训练、美国的渐进松弛训练、超然沉思等。

1. 放松疗法的生理生化效应

放松状态下，可出现呼吸频率和心率减慢，血压下降，耗氧量减少，肌电波幅下降，脑电呈慢波活动倾向，全身骨骼肌张力下降，这些变化都有利于能量的蓄积和机体的修复。放松状态下，通过神经、内分泌及植物神经系统功能的调节，进而对机体各方面的功能施以良好的影响。

放松疗法的心理效应：在感觉和动作效应方面，在进行放松训练时，一般有头脑清醒、心情愉快和全身舒适的感觉。除此之外，有的人还有一种特殊的感觉，如肢体有刺痛感、麻木感、漂浮感等，常会伴有不随意的肢体运动；还有人会出现眩晕或幻觉等异常感觉，这些都被称为“释放现象”，这些变化能起到功能调整和治疗疾病的作用。长期进行放松练习会改变一个人的意识状态，调整人的某些个性特征，从而改变某些不良心理反应。

2. 想象放松

印度学者 Patel 概括了想象放松的七个基本步骤：①选择一个安静舒适的环境，免受干扰；②确保自己感到舒适；③身体尽可能放松；④引导进行规则、缓慢、均匀的呼吸；⑤注意力集中于所选的想象的对象上；⑥对引起分心的外界事物采取被动放松的态度；⑦有规律地、持之以恒地坚持练习。

想象放松技术有着许多变式，不同变式在具体步骤及功效方面存在不同，下面我们主要了解一下校园危机干预中使用较有成效、较为广泛的一种想象放松技术——沉思想象放松。

沉思想象放松的具体步骤如下：

（1）介绍基本原理。首先，向当事人介绍沉思想象放松的作用；其次，简要向当事人介绍操作过程；最后，确定当事人是否愿意使用这一方法。

（2）引导的七种基本态度。①非思虑性。放松过程中最好集中于呼吸，不进行任何思维判断或评价，这样会干扰心灵活动的体察。②耐心。跟随内心的节奏。③开放。敞开心灵，关注每时每刻的体验。④信任。相信自己的感觉。⑤无为。不强求自己，只要关注心灵活动就可以了。⑥接纳。集中注意力接纳当下发生的事。⑦放任。放任思想的流动。

（3）准备想象放松。详细地向当事人介绍放松练习的时间、地点和姿势。可使用指导语：选择特定的时间进行想象放松。每周至少练习6天，共练习8周。练习的地方安静舒适。练习时，坐在椅子上或躺在床上，以后背支撑自己的身体。

（4）沉思想象放松。首先，指导当事人进行身体扫描。可使用指导语：放松整个身体。吸气时，感觉气流由脚趾到头顶，缓缓流动。呼气时，想象所有的紧张、焦虑都排出体外。其次，指导当事人如何进行呼吸。可使用指导语：观察自己的呼吸，注意呼气吸气时的温度差异，感受气体在鼻腔中流进、流出的感觉。最后，也是最为重要的，是对想象漫游的过程进行引导。可使用指导语：如果练习中发现自己被某个思想、感情、感觉及各种不适感干扰，这是很正常的，只要将注意力放在呼吸上就可以了，并随着呼气，让分神的东西自然地流出。

（5）讨论想象放松的体验。可能开始时，当事人不太自信，讨论时辅导人员不应作评价。

（6）布置家庭作业。包括两个方面，一方面可以指导当事人每天进行练习；另一方面，可以在日常的工作生活中进行非正式的想象放松。

想象放松操作比较简单，当当事人处于极度的焦虑或紧张状态时，往往很难跟随辅导人员的指导语进行想象，第一次进行想象放松可能需要较长时间。从这点上来说，肌肉放松存在一定的优势。

3. 肌肉放松

1929年，美国医生Jacobson出版的《渐进放松》指出：渐进性放松法是一种逐渐松弛人体肌肉，减少身体紧张，消除焦虑和精神压力的方法。渐进性肌肉放松法的训练要点有：

（1）逐步放松四组肌肉群。①手、前臂、二头肌；②头、脸、喉、肩，包括额、颊、鼻、眼、颚、唇、舌、颈；③胸、胃、背部；④大腿、臀、小腿、脚。

（2）练习方法。躺着或坐着练习都可以。每块肌肉收缩 5 ~7 秒，然后放松 20 秒左右。做完全过程后可以进行第二遍，仍有紧张感的部位可反复练习 2 ~5 次。每天练习两次，每次 20 分钟，1 ~2 周即可掌握渐进性肌肉放松法。练习时可以微微闭上眼睛，注意力逐渐从一块肌肉移至另一块。

（3）放松前的准备。选择一处安静、环境幽雅、光线柔和、气温适宜的场所，可播放较为轻松、缓慢、柔和的音乐。当事人在放松前可少量进食，但应排空大小便，宽松衣带、鞋带和衣扣。坐在舒适的椅子上，头向后靠，双手放于扶手上或自然下垂，双腿随意岔开，整个身体保持自然舒适的姿势。

（4）辅导人员示范放松练习。可使用指导语：我将示范某些部位练习。首先，握紧右拳，使右手和右前臂紧张起来，体会紧张的感觉；然后放开拳头，体会放松的感觉，体验感受上的差异。

（5）肌肉放松的引导。可以按照四组肌肉的顺序群逐步放松。可使用指导语：现在，尽可能坐得舒服些，闭上眼睛，听我的引导。我会让你意识到身体中的某种特殊感觉，然后减轻这种感觉，并增加放松感觉。

（6）放松后的评估和反馈。肌肉放松后，要对当事人的感受和问题作出评估反馈。可以询问第一轮放松练习后当事人有什么感受和体会；倘若当事人在放松过程中出现了什么问题，要对这些问题作出恰当的解答和反馈。

（7）布置家庭作业。可以告诉当事人放松训练需要大量的练习，每天至少坚持 15 ~20 分钟。要选择安静的地方，在没有压力的情况下进行练习，坐着或躺着都可以。

放松练习作为一种心理治疗方法，辅导人员必须遵守心理治疗的基本原则，要同治疗对象建立良好的关系，取得当事人的密切配合是治疗成功的重要条件。

（二）系统脱敏疗法

系统脱敏疗法是由美国精神病学家沃尔帕（Wolpe）开创的，又称之为“交互抑制疗法”。系统脱敏疗法是一种基本的行为治疗技术，这种方法主要是诱导患者缓慢地暴露于导致焦虑恐惧等情绪的情境中，并通过心理的放松状态来对抗这些情绪，从而达到消除这些情绪的目的。

［知识栏］

试验中，沃尔帕将一只猫置于笼子中，每当食物出现引起进食反应时，即施以强烈电击。多次电击后，猫产生了强烈的恐惧反应，拒绝食物，并扩展到对笼子和实验室的整个环境的恐惧。每当食物出现，猫就同时出现“饥而欲食”与“怕电击而后退”两种性质对立的反应，从而导致焦虑性行为，即“实验性神经症”。此后沃尔帕通过系统脱敏疗法予以治疗：他先在原来的实验情境外给猫食物，此时猫的反应是正常的、处于放松状态的，虽然有轻微的焦虑恐惧反应，但食物的强化作用抑制了焦虑恐惧反应。下一次沃尔帕给猫食物时，沃尔帕把猫向实验室的方向靠近一段，起初猫有轻度的焦虑恐惧，但食物的强化作用使得猫又很快适应了。如此反复地，猫渐渐地接近实验室，最后，猫回到了原来的实验情境并进入铁笼中进食。猫的恐惧和焦虑被消除了。沃尔帕认为这是交互抑制作用的结果，饥饿的猫进食后可获得一种满足和快感，正是这种满足和快感抑制了原先所有的恐惧焦虑反应。但这种抑制是有限度的，通常只能对付轻微的焦虑。所以，沃尔帕不是将猫马上放进实验室的笼子里，而是指引猫逐渐地靠近，最终到达焦虑感最严重的实验室。沃尔帕将此治疗程序运用到人类身上，并以全身松弛训练代替事物的作用。同时以想象刺激情景代替实际的恐怖情景，从而创立了系统脱敏疗法。后经严格控制条件的对照研究证实系统脱敏疗法是一种安全有效、切实可行的治疗手段。

1. 系统脱敏疗法的原理

系统脱敏疗法的一般原理在于人和动物的放松状态与紧张状态是一种对抗过程。一种状态的出现必然会对另一种状态起抑制作用。

2. 系统脱敏疗法的过程

首先让当事人学会放松技术；然后将引起当事人焦虑或恐惧的多种原因进行分类，按其引起焦虑的程度编排出不同的等级；接着在当事人处于放松状态下，呈现给能引起当事人焦虑紧张情绪的刺激，这可以是想象的，也可以是实际存在的。先从最轻的刺激开始，让一个原可引起当事人较轻焦虑的刺激在其面前反复呈现，同时以全身放松予以对抗。当这个刺激不再引起当事人的焦虑感时，对下一个等级的刺激进行脱敏，并依次进行下去，直到引起最高焦虑感的刺激。

3. 系统脱敏疗法的具体操作程序

（1）搜集症状史和有关身心状态的应激史，找出与当事人的焦虑恐惧情绪有关的各种刺激、事件或情境。

（2）建立焦虑事件的等级层次，这是进行系统脱敏疗法的依据。建立等级层次可采用的方法为：在第一次会谈之前，让当事人描述自己恐怖或焦虑事件的感受度。0 为没有任何使自己感到焦虑的情境或事件；100 为最让自己感到焦虑的情境或事件。一般来说分为 10 个等级，如此形成一个等级层次。

（3）让当事人学会放松，一般采用我们前面提到的 Jacobson 渐进放松方法。

在具体的实施过程中，可以在初期对当事人采用想象脱敏。如果希望取得更满意的效果，后期就要引导当事人直接接触现实进行现实脱敏。

（三）自我控制法

自我控制法即让当事人自己来控制自己的情感与行为，它适用于对各种不良行为的控制。自我控制法没有固定的模式，具体的实施过程分为自我监督阶段和自我强化阶段。

1. 自我监督阶段

当事人将自己的不良行为进行详细观察和记录。例如，自己每天抽多少烟，具体是在什么情境下抽的，是社交的需要还是自己的情绪处理需要？……如此记录一段时间，当事人开始正视自己的抽烟问题并意识到问题的性质。

2. 自我强化阶段

此阶段即在自我控制成功时给予自己奖励。奖励的分量要与自我控制成功的大小相一致。例如，烟量减少时，可以奖励自己一个心仪的小礼物；基本不抽时可以满足自己一个更大的愿望等。

自我控制疗法中，当事人占主导地位，而辅导人员几乎只能提出一些建议。倘若当事人的不良行为更多地发生在某种情境下，则可以建议当事人暂时回避这种环境。当当事人的自我控制能力有所增强后，再逐步地接触这一情境。

（四）模仿学习法

模仿学习法是当事人通过模仿学习获得新的行为反应倾向。模仿学习法适用于改变某些不良行为，以适当的反应取代其不良反应，或帮助当事人习得某种行为。

模仿学习法的心理学原理即社会学习理论。社会学习理论认为，学习是通过观察模仿过程而获得的。我们的大量行为都是通过模仿习得的，不良行为也常常是通过这一途径形成的。班杜拉基于对儿童的行为治疗建立了模仿学习法，现此法已较广泛地应用于心理治疗，如治疗与情绪有关的行为问题以及其他类型的行为障碍。

模仿学习法的实施步骤如下：

1. 选择合适的治疗对象

首先，评估当事人的问题是否适合采用模仿学习法，而且还要评估当事人的模仿能力。模仿能力包括总的模仿能力和特殊模仿能力，有的人对声音的模仿能力强，有的人对形体动作的模仿能力强，而另一些人则模仿能力较差。模仿能力可以通过当事人以往的个人经历等途径来了解。

2. 设计示范行为

根据当事人的期望及其他情况，设计一个或一组有针对性的示范行为。示范行为应尽可能贴近现实，具有可行性。另外，示范行为应该按照由易到难的原则循序渐进地进行。示范者可以是当事人现实生活中的人，亦可以是专业人员。通常情况下，示范者的感染力越强，模仿者的学习效果也就越好；示范者与模仿者之间的共同点越多，模仿者的学习效果就越好。

3. 对正确模仿行为进行强化

要将模仿行为整合为当事人自然行为中的一部分，就需要给予及时的强化。

（五）眼动脱敏再加工疗法（EMDR）

眼动脱敏再加工疗法（EMDR）由弗兰琴·夏皮诺（Francine Shapiro）于1987年创造，最初仅为眼动脱敏（EMD），1991年发展为眼动脱敏再加工。EMDR是一种整合的心理疗法，它借鉴了控制论、精神分析、行为、认知、生理学等多种学派的精华，建构了加速信息处理模式，帮助当事人在短时间内降低焦虑，并且诱导积极情感、唤起当事人对内心的洞察、使得观念转变和行为改变以及加强内部资源。目前，眼动脱敏再加工已有了一系列经验性的诊断和临床经验，主要是与创伤性记忆的处理有关，其突出特点就在于省时、简单。

1. 眼动脱敏再加工疗法的理论依据

眼动脱敏再加工疗法认为创伤性记忆是一组关于创伤性事件的信息，它几乎以原来的形式紧锁在神经系统里。图像、思维、声音、气味、情绪、躯体感觉，以及当时出现的自我信念，全部都存在一组神经网络里，这组网络是一组未经处理、出现机能障碍的信息包，使大脑皮层某区域过度兴奋，从而阻断正常的信息处理过程，造成想法上的执著和知觉、情绪上的不适。EMDR 能够激活存在于大脑内的适应性信息加工系统，通过有节奏的干预使当事人在过去的创伤中形成的非适应性的或功能障碍的信息的各个方面转化为适应性的解决方式，在眼动脱敏再加工治疗中进行认知性重建，改变对自我的消极看法。

EMDR 治疗的内容包括神经心理学、心理动力学、行为治疗、认知行为治疗的概念与方法，其基本假设为：人们会遭遇不幸事件，但是人们也有种内在的本能去冲淡和平衡该事件所带来的冲击，并从中学习如何使自己成长并茁壮。Shapiro 认为眼动脱敏再加工治疗的目标不仅在于协助当事人减轻焦虑，而且包括引出其正向情绪、唤起自觉、改变信念、改变行为。一般而言，眼动脱敏再加工通常会结合其他疗法进行治疗以增进疗效。

2. 眼动脱敏再加工治疗的基本过程

眼动脱敏再加工治疗的过程中，当事人专注于外在刺激的同时，也专注于过去和现在的经验，接着心理辅导人员会引导当事人学习新的经验使其变成下一组双重注意的焦点，而这种双重注意和个人的连接必须在疗程中重复多次。Renfrey 和 Spates 指出在 EMDR 治疗中主要有七个重要元素：①揭露有关创伤的视觉影像；②揭露有关创伤的消极认知；③复述合适的正向认知；④左右移动的眼球；⑤在视觉上主动注意治疗者的移动手指；⑥思考和想象停止；⑦在每一组眼动结束时做深呼吸。

眼动脱敏再加工疗法的一般步骤包括八个阶段：

（1）诊断期。危机干预辅导的一开始，辅导人员需要了解当事人所经历的危机事件，评估个案的准备程度，提出一个辅导计划，评估及制定疗效，发展特殊技巧和未来所需行为，排列优先顺序。在选择目标时，辅导人员要注意找出相同的类型，找出一个最具代表性的事件加以处理，无须将每一个功能性记忆都设为目标。

（2）准备期。向当事人介绍 EMDR 治疗的原理及目标，与当事人建立起合作关系，并向其解释眼动脱敏再加工治疗的进程与疗效，使当事人树立信心。协助当事人进入创伤记忆的情绪情景中，学习放松技巧，使其可以在治疗过程中获得足够的休息和处理情绪的方法。

（3）评估期。辅导人员首先要协助当事人选择其最想处理的记忆，包括影像、负性认知等。辅导人员可采用相应量表分别评估该事件、影像的困扰程度，以建立参照标准。通常采用认知效度量表和主观困扰感量表进行评估。接着辅导人员协助当事人确定该事件、影像的负性认知与困扰程度出现在身体的具体部位。

（4）脱敏期。此阶段包括洞察与创伤有关的感觉经验的改变、联想和增强自我功能，主要目的是帮助当事人最快速地处理信息，并保证当事人在处理过程和结果上能觉得安全及可控。当认知、情绪和身体上发生明显的改变时，就要根据当事人所报告的感觉以及认知的改变来重新评估。倘若当事人表示所记忆内容没有困扰时，才作主观困扰评估，当得分为0或1时，表明此阶段的结束。

（5）植入期。此阶段在增加正向的认知，取代个体负性的自我信念，将正向的自我认知和原来的创伤影像及未来的光明希望配对出现，取代负面、悲观的想法。此阶段的效果可由认知效度量表测量得知分数增加至6或7分，表明当事人内在的积极认知的建立。

（6）身体扫描。此阶段要完成与目标事件相联系的残余创伤及对痛苦材料的加工。引导当事人闭上眼睛，在回忆积极的认知过程时，从头到脚扫描自己的身体，体验躯体的感觉。把原有的危机事件的创伤记忆和后来植入的正向自我陈述和光明想法联结起来。

（7）结束期。此阶段若有未完全处理的情形，可用其他方式加以辅导。之后当事人若有与该创伤性事件有关的任何想法、梦境都可记录下来，作为接下来讨论的内容。

（8）评估反馈期。总体评估整个治疗过程的治疗效果与治疗目标是否达到，总结治疗过程中的得失。

眼动脱敏再加工疗法要随时最大限度地同时满足当事人和辅导人员的需求，而不是将辅导指向一个固定的预定的方向，且在制订具体的辅导计划和目标时要具体考虑当事人的人格特征以及当事人的反馈。

目前，眼动脱敏再加工是针对创伤性应激障碍的首创方法之一，较之其他的方法，眼动脱敏再加工有着更好的疗效。目前，有关EMDR的对照研究主要集中于创伤后应激障碍，现有的研究表明，相对于认知行为疗法，EMDR更适于在创伤的早期进行干预。但目前尚无EMDR对四周内创伤的干预的随机对照研究，使其早期干预的疗效受到某种程度的质疑。

辅导人员要掌握所提到的心理辅导技术，需要多加练习技术的使用。更重要的是，要注重从更深层面改变自己的态度、人生观等，尽量保持价值的中立，接纳当事人，从而为当事人提供及时有效的心理危机干预。

第三章 心理危机干预的方案设计

校园突发事件的发生，会让全校师生员工处于一种危机状态中，要求学校和行政部门应给予紧急应对和处理。目前，在很多学校，危机干预已经成为学校是否达标的重要考察部分。学校作为心理危机干预“学校—家庭—社会”系统的一个重要环节，实施心理危机干预主要围绕着个体、小组和群体三个层次展开，力求全方位地在处理学生心理危机方面发挥积极的作用。

一、针对个体的咨询要点

个体咨询是心理咨询最初的形式，也是目前使用最为广泛的方式。在咨询过程中，人是最基本的要素。咨询师给当事人提供一个安全的环境，引导当事人重新思考问题、感受社会以及应对环境的变化，减轻内心的冲突，达到心灵的成长。

个体咨询主要分为两种：面谈咨询和电话咨询。面谈咨询是当事人与咨询师之间面对面的交流。它的优点是：让当事人近距离地体会尊重和温暖；双方可以约定进行连续的心理咨询；咨询师可以不受空间限制使用心理治疗技术辅助咨询。电话咨询是心理治疗中谈话疗法的延伸，主要依靠双方用电话通话的方式帮助来访者解决心理问题。它的优点是：不受时间、地点的限制；更具有保密性；来访者可以更自由地控制咨询的进程，甚至通过挂断电话结束咨询，虽然这有时候会阻碍咨询的进行但可以自己控制改变的时机和进度，这一点对于刚刚经受了严重的心理危机的个体来说有时也是非常重要的。

（一）危机干预咨询师

个体咨询要求咨询师具有良好的职业道德和专业技能，而危机干预心理咨询又对咨询师提出了更严格的要求。心理学家 Gilliland James 提出，危机干预工作者要具有以下品质：

（1）职业道德素质。危机干预咨询师要保持真诚的态度，适当地表露内心想法，并和别人交流情感；遵守保密原则，咨询者有义务为来访者保密，但如果来访者有自杀或是伤害他人的企图，就要上报给相关部门，给予特别关注。

（2）丰富的人生经历。人生经历是一个人的宝贵财富，它诠释了生命的意义，是保持情绪稳定的重要源泉。危机干预咨询师在生活历练中心灵不断成长，并将这种感悟运用在心理咨询中。同时，丰富的经历可以塑造咨询师成熟、乐观的人格品质。

（3）娴熟的专业技巧。这要求危机干预咨询师要善于倾听，能够安抚来访者的情绪并给予心理支持，能够准确评估来访者的心理状况，能够引导来访者分析问题，懂得转诊的技巧。

（4）遇事镇定的品质。面对情绪失控的来访者，一个遇事镇定的咨询师能创造一种安全温暖的环境，让来访者感受到强大的支持力量，从而渐渐恢复平静。

（5）创造性与灵活性的统一。面对难以解决的问题，创造性和灵活性是一剂良方，工作者的智慧和坦诚，有时会给来访者带来不一样的感受。

（6）快速的心理反应能力。心理危机干预具有及时性，咨询师要对不断出现和变化的问题进行迅速有效的评估与处理。在危机面前，既要依靠经验来判断处理，又不能完全拘泥于条条框框。

除此之外，危机干预咨询师也可以成立一个长期的专业团体，定期召开讨论会，和同事共同商讨处理一些棘手个案，并接受上级督导师的督导，共同成长进步。

在咨询实践中，有些咨询师会直接给来访者提供建议，期望这会加快咨询的进程。但是这种做法并没有调动起来访者心灵自愈的能力，咨询师会发现有时候来访者的回应并不像自己预想的那样。如果咨询师放下一味扮演着的“营救者”角色，治疗也许会取得更好的效果。

（二）心理危机个体咨询方案设计

个体危机干预方案设计主要包括对来访者危机事件的评估、咨询目标的建立、咨询过程的设计以及咨询效果的评估。

1. 危机事件的评估

对危机事件进行评估非常重要，有效的评估能为咨询师判断如何处理危机打下基础，也能增强来访者治疗的信心。它主要包括来访者的自我评估和咨询师评估两个方面。

来访者的自我评估主要围绕对危机事件的严重程度、当前情绪状态、可利用的社会支持力量、是否有自杀倾向四个方面展开自我描述。来访者常常使用“我觉得现在非常沮丧”“这段时间我经常有结束自己生命的念头”等句子来描述自己的心理状态。当来访者提到有轻生倾向时，咨询师可以使用自杀意念自评量表（SIOSS）帮助来访者自评。自杀意念自评量表包括绝望、乐观、睡眠、掩饰四个因子，参考划界点为 12 分，能够帮助来访者自评是否有自杀意念（详见附表 1）。

咨询师的评估一般在咨询关系初步建立之后进行。咨询师可以使用危机干预的分类评估问卷（THF）对来访者经历的危机事件、情绪、认知、行为方面作详细评估。这是一个主观性测评问卷，主要在与来访者的会谈中收集信息，并分析来访者的各项指标损害程度，采用 1 ~ 10 描述从无损害到严重损害 10 个等级（详见附表 2）。

评估时，咨询师也可以从两个维度进一步了解来访者的情绪状态：平衡性（平衡—不平衡）、可变性（可变—不可变）。其中，平衡性是指心理与情绪的稳定平衡状态；可变性是指来访者的情绪能够随外界环境的变化而在程度上有明显的变化。我们帮助来访者体会自己的情绪，是轻度难过、有些难过、非常难过、特别难过，还是极其难过。在治疗中，情绪也是一个重要的指标。来访者如果能察觉到自己在情绪和情感程度上有所减轻，也是一个良好的进步。

除此之外，咨询师还要评估来访者是否有自伤或伤害他人的倾向。评估可以结合来访者自杀意念自评量表（SIOSS）来自评情况，使用一些简短的评估问题来完成。要特别注意以下问题：咨询师首先要评估来访者是否有自杀或自伤的想法和计划。在提问时可以使用一些技巧，如果直接询问：“你是否想过要自杀呢?”来访者有时会由于介意“自杀”这样的用词，而不愿意透漏自己有这样的倾向。此时，可以换一种问法：“在这件事发生的 24 小时内，你是否曾经觉得也许离开这个世界能够减轻痛苦呢?”如果来访者提及自己有自杀的念头时，和他讨论自杀会让其产生咨询师值得信任的感觉，会愿意重新花时间获得控制感，这种感觉对于他来说无疑是救命的稻草。

在对学生进行评估的同时，如果有机会，最好能和学生家长谈谈。家庭成员是学生最主要的支持系统，也比较了解来访者的情况，因此，了解来访者家庭是否能给学生提供一个安全的环境，家庭成员之间是否能够良好沟通，父母是否能给孩子树立良好的榜样是非常重要的。寻求家庭的支持，可能帮助来访者平稳地度过危机。

2. 建立咨询目标

咨询目标为整个咨询过程指明了方向。根据郭念峰（2005）《心理咨询技能》中提出的建立咨询目标主要有以下七个原则：①目标具体清晰。可通过一个个步骤去实现。②目标可行。在来访者现有水平和咨询师能提供的咨询条件之内。③积极。④双方可接受。咨询目标应当是双方共同商议的。⑤属于心理学性质。⑥可以评估。咨询目标应可以通过咨询师、来访者自身、周围亲友、社会功能恢复和评定量表等几个方面来进行评估。⑦多层次统一。咨询目标应当是近期目标与长远目标、整体目标与局部目标的统一。

咨询的近期目标可以包括宣泄不良情绪、学会放松、感受社会支持，发现在危机发生后可能存在的一些不合理的认知和行为。中期目标包括引导来访者重新认识危机事件，有深度地探讨不合理、消极的认知，用积极的思想代替这种消极的认知。长远目标一般包括提高来访者的抗挫折能力，重新树立对生活的希望，使人格更加完善。

【例】来访者：王同学，女，21岁，某高校汉语言文学专业二年级学生。因恋爱问题导致其情绪低沉，自我评价低，考试失败，人际关系受损。这种状况持续两个多星期后，前来咨询。

王同学在上选修课时遇到吴同学，并对其萌生好感。随着深入了解，两人关系逐渐好起来。她幻想能和吴开始一段美好的恋情，可吴一直没有表白。她只好鼓起勇气向吴表白，结果吴说只是想和她做好朋友，没别的意思。她很伤心，照镜子觉得自己很丑，身材也不好。她觉得一定是吴觉得她不好看才不同意的。自这件事后，她特别注意自己的容貌，时常照镜子，越照越觉得难看。自信心受到打击，两周多的时间除了吃饭、上课就闷在寝室里，表面上复习四级考试，但一翻开书脑子就很乱，觉得自己很失败。结果四级考试也考砸了。

这是一个大学生由于求爱失败引发的心理危机案例。咨询师在对来访者的情况有了较为详细的诊断和评估后，与其共同制定了以下咨询目标：

（1）短期目标：消除症状，缓解不良情绪。

①给予来访者无条件的接受和尊重，使来访者感受到心理支持。

②引导来访者重新审视这段经历。

③帮助来访者改善睡眠及饮食状况。

（2）中期目标：让来访者认识到自己的习惯性消极思想，用积极的应对思想代替习惯性的消极自我认识。

①和来访者探讨其自我认识方面的问题和应对方法。

②改善来访者的社会支持系统。

③引导来访者树立正确的自我认识，探索爱的本质。

(3) 长期目标：支持来访者心灵成长，使来访者树立正确的恋爱观，最终获得人格提升。

3. 咨询过程的设计

危机心理干预咨询过程的设计，咨询师可以集中于以下五个方面：①与来访者建立良好的咨询关系。②让来访者感受到支持力量。③制订咨询方案，并得到来访者的承诺。④处理负性情绪和负性情绪下的不合理认知。⑤学会利用身边的支持力量。

(1) 建立良好的咨询关系。

这在危机干预中尤其重要。当学生经历危机事件后，会感觉特别孤单，对周围环境和他人非常不信任，这时要让他们感受到咨询室很安全，可以给他们提供支持。咨询师可以通过身体姿势和面部表情让他们感受到尊重。微笑、持续的目光接触、认真的表情、深层次的关注，都可以表现出咨询师对咨询的承诺、认真和负责。

在建立咨询关系时，设身处地地理解来访者也非常重要。这里包括对言语信息和非言语信息的理解。在言语信息方面，对来访者的理解不能局限于对表层信息的理解，而是要听出来访者的“弦外之音”，这样促进作用会更大。

【例】来访者：“我昨天又遇上了那几个坏孩子，他们欺负我，我却没有办法。”（一边说一边摇头，苦笑）

咨询师：“你对坏孩子欺负你这件事感到很无奈。”（表层的理解，简单反映来访者的情绪）

咨询师：“你对坏孩子欺负你这件事感到很无奈，而且你刚才说话的时候摇了摇头，我似乎从你的谈话和动作上感到你很自责。”（理解深层含义，来访者无奈背后的一种自责和无能之感）

在非言语信息方面，咨询师要理解来访者所要传达的信息。座位选择、欲言又止和机体反应都能反映一些信息。例如，在座位选择方面，来访者选择离咨询师比较远的地方，可能是对心理咨询的一种抗拒或是对咨询师的不信任。在欲言又止方面，可能是想让咨询师知道但不愿直说的话。如果来访者反复提及一个人或是一个词，却不去展开表述，这可能是他给咨询师的一个线索，在内心里他希望咨询师能关注这个问题。

（2）让来访者感受到支持力量。

来访者在日常生活中可能缺乏他人的支持和理解，甚至经常受到他人的指责。咨询师以一种非评价和积极关注的态度接纳来访者，并关注其身上积极的方面。这让来访者感受到咨询室是一个安全的地方，在这里可以把自己完全开放地展示给咨询师，在这里有一个人永远支持着他。

【例】来访者："我常常会压抑自己的想法，从来不敢对别人说，怕别人会烦，会不愿意听这些，会说出去。今天我第一次对别人说这些。"

咨询师："我也希望你能够把咨询室当作是一个安全的小岛，有什么不开心的事情都可以在这个小岛上说出来，无论如何，我都会在你身边，默默地支持你。"

来访者："说出来的感觉的确好了很多。至少我敢于承认自己是不好的。"

咨询师："你刚才说自己会担心别人的看法而不敢和别人交流，其实这说明你有能够考虑别人感受的品质，这是很难得的。"

（3）制订咨询方案，并得到来访者的承诺。

咨询方案除了包括前面提到的咨询目标，还包括以下内容：双方的责任、权利、义务，咨询的具体时间安排，咨询的原理和过程以及评估手段。让来访者充分参与制订咨询方案非常重要。主动参与制订方案让来访者体会到自己是问题的"主人"，能够调动其改变的动机，使咨询更加有效。

下面是一个针对建立咨询目标中的"王同学"的案例，和来访者商量设计的一个咨询方案：

【咨询方案】

（一）咨询目标（见前面咨询目标的建立）

（二）咨询时程及费用

和来访者建立良好的咨询关系，通过与来访者协商确立每周咨询 1 ~ 2 次，每次 1 个小时，共 6 次，在咨询中心进行，根据某高校心理咨询中心规定，本校学生不收费。

（三）依据的理论和采用的技术

理性情绪疗法与认知重建法。

（四）向来访者明确双方的责任、权利和义务

1. 来访者的责任、权利和义务

（1）责任。

①向咨询师提供与心理问题有关的真实资料；

②积极主动地与咨询师一起探索解决问题的方法；

③完成双方商定的作业。

(2) 权利。

①有权利了解咨询师的受训背景和执业资格；

②有权利了解咨询的具体方法、过程和原理；

③有权利选择或更换咨询师；

④有权利提出转介或中止咨询；

⑤对咨询方案的内容有知情权、协商权和选择权。

(3) 义务。

①遵守咨询机构的有关规定；

②遵守和执行商定好的咨询方案各方面的内容；

③尊重咨询师，遵守预约时间，如将特殊情况提前告知咨询师。

2. 咨询师的责任、权利和义务

(1) 责任。

①遵守职业道德，遵守国家有关的法律法规；

②帮助来访者解决心理问题；

③严格遵守保密原则，并说明保密例外。

(2) 权利。

①有权利了解与来访者心理问题有关的个人资料；

②有权利选择合适的来访者；

③本着对来访者负责的态度，有权利提出转介或中止咨询。

(3) 义务。

①向来访者介绍自己的受训背景，出示营业执照和执业资格等相关证件；

②遵守咨询机构的有关规定；

③遵守和执行商定好的咨询方案各方面的内容；

④尊重来访者，遵守预约时间，有特殊情况提前告知来访者。

(五) 评估手段

量表评估（EPQ，SCL-90，SDS），自我评估，咨询师评估。

(六) 咨询过程

咨询师主要使用理性情绪疗法，咨询过程大致分成心理诊断阶段、领悟阶段、修通阶段和再教育阶段。

1. 心理诊断阶段

咨询师通过无条件关注、共情等技术和来访者建立良好的咨访关系。使用摄入性会谈、观察法、心理测验等明确诊断方法。咨询师的陪伴使来访者感觉到尊重和关心。在建立了咨访关系后，经其同意使用 EPQ，SCL－90 和 SDS 量表以进一步了解情况。

2. 领悟阶段

本阶段采用自我对话法帮助来访者认识到自己非理性的情绪和行为表现，并找出它们的非理性信念。咨询师引导来访者区别这些信念，并讨论来访者的负性情绪和自我评价。

3. 修通阶段

这一阶段是理性情绪疗法最重要的阶段，咨询师采用提问等方式让来访者认识到非理性信念是不现实、不合逻辑的，引导来访者拥有理性的看法和信念。

4. 再教育阶段

此阶段进一步帮助来访者摆脱非理性信念，使来访者养成用理性方式进行思维的习惯，改善来访者的情绪和行为反应。并加强来访者的社会支持系统，缓解孤独感。

咨询后按下表布置认知性家庭作业。

认知性家庭作业

时间	情境	习惯性思维	情绪体验	应对思想	结果

具体如下：

第一次咨询：

目的：引导来访者把不良的情绪宣泄出来，让心灵稍稍得到解放。

内容：

1. 介绍心理咨询以及咨询师和来访者的权利和义务，强调保密原则。
2. 用 EPQ，SCL－90 和 SDS 量表对来访者进行心理评估。

家庭作业：咨询心得。

第二次咨询：

目的：探讨“恋爱与自我认识关系”中的非理性信念。

内容：

1. 将理性的和非理性的思维分开，找出其在“恋爱与自我认识关系”中的非理性的想法。

2. 用提问和举例子的方法，让来访者认识到这种信念是不合逻辑的，引导来访者拥有理性的看法和信念。

家庭作业：咨询心得。

第三次咨询：

目的：探讨“爱情与大学生活”中的非理性信念。

内容：

1. 将理性的和非理性的思维分开，找出其在大学恋爱方面非理性的想法和观念。

2. 用提问和自我暴露的方法，让其认识到“爱情不必强求”。

家庭作业：咨询心得，弗洛姆《爱的艺术》。

第四次咨询：

目的：使用应对思想代替消极的自我否定。

内容：

1. 使来访者意识到自己的自我否定的内部语言使其受到的困扰。

2. 找出自我否定的思想，大声练习用应对思想代替消极思想。

家庭作业：完成表格。

第五次咨询：

目的：使用应对思想代替消极的自我否定。

内容：

1. 讨论经常出现的消极内部语言。

2. 找出自我否定的思想，轻声练习用应对思想代替消极思想。

家庭作业：完成表格。

第六次咨询：

目的：使用应对思想代替消极的自我否定。

内容：

1. 总结咨询，鼓励其将应对语言内化。

2. 使用 SCL－90 和 SDS 量表再一次施测。

当然，咨询方案还需要根据每次咨询后的情况进行补充和修订。

（4）处理来访者的负性情绪和不合理认知。

情绪是心理健康的风向标，是评估风险的重要因素。风险增加的临床特征是心境低落，具有自杀意念或自伤和绝望。给来访者提供一个安全支持的环境，让其充分宣泄内心的积郁，这在危机发生的初期尤其重要。帮助来访者面对现实，为他建立咨询的信心并调动其面对严酷现实的处理能力。

心理危机的来访者会有很多负性情绪，如果处理不好可能会一发不可收拾。咨询师鼓励来访者体会自己的感情和情绪状态并宣泄出来，咨询师对其的情绪反应给予尊重和接纳。这里我们可以采用空椅技术帮助来访者处理情绪。

空椅技术是格式塔流派常用的一种技术。可以用于亲密的人突然离去以及受校园暴力等事件带来的心理危机。我们对于由于某种原因离开的人会有一种未完成的情结与悲痛，对于曾经欺负、伤害过我们的人会压抑着愤怒和指责，对于有些在我们生命中很重要的人又有一些话想说却不敢当面说出口。这个时候，咨询师可以把一张椅子摆在来访者的面前，让来访者想象那个人就坐在这张椅子上，现在正静静地听他说话。来访者可以把想说又没来得及说的话都说出来，把压抑在心中的情绪都表达出来，咨询师会发现，来访者的情绪曲线成“倒U型”，从开始的小声诉说，慢慢地激动起来，甚至声泪俱下，在达到一定程度时又会渐渐地缓和下来，最后内心渐趋于平和。

除此之外，沙盘游戏、角色扮演、心理剧等也是处理来访者情绪的好方法。恰当地使用这些技术可以让来访者表达内在的动力和冲突，宣泄内心郁结的负性情绪，重新审视自己的内心，将自己的内心世界展现出来，使来访者逐步增强自愈的力量。

认知行为学派认为，人的情绪和行为变化是由对事物的认知和评价引起的，而人们在负性情绪中有更大的几率产生非理性认知。如经历过周围同学自杀事件之后对生命与死亡意义的理解，对人生苦难的认知可能会有扭曲；经历过校园暴力事件的学生会认为他人都是不可信的，没有人可以作为朋友。当我们发现来访者有诸如此类的思维倾向时，要拿出来和他们一起讨论，发掘他们心中的正面力量，从而更全面地认识问题。

【例】来访者：他们（校园暴力者）告诉我他们是我的朋友，会和我同甘共苦，我真的很信任他们。没想到他们竟然会打我，抢我的钱，看来没有人无缘无故对别人好，都是有目的的，什么朋友嘛。

咨询师：你认为没有人会无缘无故对别人好，是这样吗？你可以试着回想一下在你的成长过程中，是不是每个朋友都会这样对你呢？

来访者：也有几个对我好的，从小玩大的铁哥们，那才是真正的朋友。他们都是假惺惺的。

咨询师：嗯，也许我们可以这样理解，他们对你不好。但这并不能推广到所有人身上，是吗？

来访者：也许是这样，我的前提就错了，把他们当朋友的前提。朋友不是这样的。

(5) 让来访者学会向社会支持系统求助。

让来访者在心理危机后能够得到更多的支持和开导。思考自己能够从哪里得到心理支持，包括家人、邻居、同学、朋友、教师等。尽量具体地画出可以为自己提供支持的网络图，写出能帮助自己的人名，并写出他们可以给我们带来怎样的帮助，如“在我心情低沉的时候陪伴我”“给我提供建议”等，在这个过程中，可以提高来访者的安全感和信任感，让来访者明白自己并不是一个人生活在这个世界上，其实有很多人在关心他，只是他过于在意自己的情绪，而忽略了这些可以帮他分担的人。

（三）心理危机干预注意事项

在进行危机干预咨询中，有一些方面会影响咨询质量，如果处理不好甚至会导致咨询关系的破裂。本书归结为以下五点：

(1) 在咨询过程中，咨询时要保持沉稳，对于来访者突然爆发的情绪要有心理准备，并能够使用一些应对措施。处理情绪有一个小技巧，即感情转移法。当来访者的情绪释放出来而一发不可收拾时，可以使用这个方法将来访者的注意力引到当下具体的事物中，从而有效缓解情绪。

【例】咨询师：我能感受到你此刻很难过，你能摸摸你身旁的小熊吗？摸摸它，告诉我是什么感觉？（引导的时候，来访者的视线跟随着咨询师的言语指导）

来访者：毛茸茸的，很舒服。

咨询师：嗯，很舒服。那现在你再感受一下你坐的这个沙发，是什么感觉？

来访者：有点硬……不过坐着感觉还行。

咨询师：嗯，好。让我们回到刚才的那个事件中……

咨询师将来访者的情绪由事件引到当下，再回到事件中，这样来回几次，把来访者的情绪按照“事件—现实—事件—现实”来转移，几次之后有助于平息情绪。

(2) 给来访者充分的机会倾诉，咨询师如果由于来访者的诉说而产生不良情绪，不要试图消除它。适当流露真实的情感有利于咨询关系的加深，而如果咨询师伪装感情，来访者发现的话可能会感到非常失望。

(3) 必要的时候可以问一些客观的问题，例如，“你是哪里人呢？”“你喜欢养宠物吗?”这样的问题可以稳定情绪。而如果很快去探究来访者深层次的潜意识，特别是在初访的时候就迫不及待地想将咨询深入，以此说明咨询是有效的时，这会让来访者感到很不舒服，甚至会中断咨询。

(4) 如果来访者提到自己有自杀的想法，不要急于否定他的自杀意念，而对他批评说教。应体会并理解他的情绪，倾听他的想法，重点关注他的自杀意图、是否有详细的计划以及自杀历史。其实，很多人在一生中都会有过自杀的想法，这也许是来访者一段黑暗的时期。因此，自杀的冲动和行为大多是暂时的，由当时情况决定的。咨询师鼓励来访者说出自己的真实想法，并和家人、好友一起交流，这样就可以借助大家的陪伴和关心度过生命中的这段黑暗时期。

(5) 如果来访者说“他没事”“心理危机已经过去了”之类的话，这个时候仍然有必要继续对其跟踪观察，因为这可能是来访者给我们的一种误导的信号或是已经治愈的假象，来访者过分地使用压抑的防御机制，而掩饰的背后可能会造成更深的心理伤害。

二、针对团体的辅导重点

团体辅导用于心理危机干预的辅导时有很好的效果。著名心理学家马斯洛的需要层次理论指出:“人类有建立爱和归属感的需要。”我国心理学家樊富珉(2000)认为:“团体辅导是非常有效的危机干预方式，因为团体情境可以促进个体在交往中通过观察、学习、体验、认识自我、探讨自我、接纳自我、调整改善与他人的关系，学习新的态度与行为方式，以发展良好的适应。”团体辅导可以帮助学生建立团体信任感，在成员心中播种下爱的种子。

团体发展阶段说虽然不尽相同，但强调的重点相似。这里重点介绍柯里(1952)提出的四阶段发展论:初始阶段、过渡阶段、工作阶段、结束阶段。

1. 初始阶段

当人们进入一个新团体，会担心自己不被接纳，言行引起他人不快，因而会试探团体的舒适和安全程度。这个阶段的任务是使成员之间建立初步信任的关系来分享自己的真实感受，讨论团体目的、可能出现的情况和团体契约，为后面的工作奠定基础。

2. 过渡阶段

在这个阶段，团体成员将在表层的信任下追求真正的接纳和归属感。成员开始尝试去谈一些自己的感受，但并不深刻。有些成员会出现敌意、焦虑情绪，甚至是阻抗，他们会观察其他成员的行为表现，并试图探索这个团体成员之间的关系。他们大多会讲一些自己的经历，有些成员会渐渐尝试表达自己的负性情绪。此时，团体咨询师需要采用示范和主动介入等方式来鼓励成员，促使他们相互认识，勇敢表达情绪体验，创造支持的氛围协助成员顺利进入工作阶段。

3. 工作阶段

当成员发现表达情感后得到其他组员的支持和接纳后，渐渐地，就可以放下防御心理，更大程度上表露自我。在这个阶段，成员开始感受到大家都是很真实的个体，愿意彼此交流心理问题和成长体验。必要的时候，他们会帮助对方澄清问题和讨论矛盾，在这种情况下，往往会得到建设性的效果。成员会意识到自身存在的一些非理性信念和不良的情绪、行为模式，会愿意为个人目标和团体目标作出有益的改变。在这个阶段，根据团体的性质不同，可以使用多种多样的活动方式，如讲座、讨论、角色扮演、脑力激荡、沙盘疗法、艺术治疗等。咨询师可以在活动中适当地开放自己，倾听成员的感受，分享自己的感悟，有针对性地提出问题，促进成员之间的亲密感和共情的高度发展。

4. 结束阶段

在这个阶段，组内成员会分享自己学到了什么、有哪些改变和准备如何在生活中运用自己所学到的知识。对于一些团体来说，结束意味着一次难忘的感情经历，而对于另一些团体来说，结束仅代表着任务的结束。出现哪种情况，是由前面几个阶段团体成员之间是否建立起良好的关系来决定的，它取决于小组成员的个性特征、团体咨询师的引导等因素。如果组员在知道小组即将要解散时，流露出恋恋不舍、如释重负或是仍有问题未解决的感觉，咨询师可引导大家回想团队成员在一起活动时的经历和感悟，让大家更加理解这个团体给大家带来的意义，它为我们种下了希望的种子，当我们离开这个团体时，并不意味着结束，而是一个新的开始。我们需要把在这个团体中的心灵成长延续到以后的生活中，学会处理自己的情绪。成员之间可以保持联系，彼此鼓励。

（一）危机干预团辅方案要素设计

我们要根据团体发展阶段特征设计心理危机干预方案，主要包括以下五个方面：团辅针对对象、团辅目标、团辅前的准备工作、辅导环节设计、团辅效果的评估与反馈等。

心理危机团体辅导对学生来说很重要，但并不是所有学生都适合团体辅导的形式。郭念峰（2005）提出成为团辅成员至少需要具备三个条件：

（1）自愿报名参加，并怀有改变自我和发展自我的强烈愿望；

（2）愿意与他人交流，并具有与他人交流的能力；

（3）能坚持参与活动的全过程，并愿意遵守团体的各项规则。

对于危机心理干预团体，咨询师要筛选出受到危机事件影响的高危人群。例如，遭受危机的人、他的好友同学、目睹危机事件过程的学生和保安，等等。值得注意的是，在危机事件后出现人格异常、严重心理疾病或情绪特别不稳定的人不适合参与团体辅导，应单独处理。

团辅目标是指我们通过团辅要达到的目标，它对咨询师和成员来说是一个“地图”。目标应当是多层次的，既有总体目标，又有特定目标。总体目标是全面的、长久的，特定目标是局部的、暂时的。咨询师招募一个危机团体，总体目标是帮助危机个体提高应对危机的能力或帮助周围人走出危机影响。特定目标以大目标为核心展开，细分为：目标一，释放负性情绪；目标二，探讨自己的看法；目标三，学会利用支持力量等。如果团体目标不清晰或在活动过程中偏离了目标，团体将变得没有意义。

团辅前的准备工作非常重要，它直接影响团辅的效果。主要包括以下两个方面：

1. 了解招募成员的基本情况

事先对成员的基本情况有所了解有助于提高团辅效果。基本情况包括成员的人格特征、经受的危机事件，或者成员和经历危机事件的同学是怎样的关系、当前的心理状况如何等。如果有可能的话，咨询师应使用 EPQ、急性压力障碍问卷、SAS、SDS 等工具对成员的心理状况进行测量。

2. 培训助理

担任培训助理的人一般是朋辈辅导员或班干部等，他们对团体辅导的经验往往不足。咨询师对助理的培训包括以下几个方面：活动目标、职责范围、怎样使用心理量表评估成员状态、遇到紧急情况如何处理等。值得注意的是，对于危机团体来说，遇到突发情况的可能性很大，有些成员会当场崩溃、控制不住自己，这就需要助理及时的心理安慰和陪伴，甚至带离现场进行个案干预。

（二）辅导环节设计

辅导环节设计是团辅方案的核心，主要是围绕团体辅导的目标进行的。

遭受危机或间接经历危机的成员往往带有很多负性情绪，如悲伤、恐惧、愤怒、怨恨，或感觉到特别孤单。而不合理的信念也往往会在此时产生，如认为这些全都是自己的错、世界上没有好人、自杀是一种解脱等。因此，培训活动的设计主要从普及心理健康知识、引导成员宣泄情绪、讨论不合理认知、发掘社会支持力量等方面来进行。下面我们给出一个示例供大家参考：

【例】某高校大二学生李某跳楼自杀。李某性格一直比较内向，自卑感严重，和寝室同学交流很少，室友都觉得她不愿意理别人。近一个月来，她经常晚睡，自言自语，由于临近考试，室友认为这是她的私人生活也未多管。李某自杀前一天，跟一个室友说有咨询师说她是抑郁症，又说近来可能有不好的事情发生，并问室友的看法。室友当时也没在意，认为她是多想了。第二天凌晨，李某就留下遗书，从寝室楼顶层跳下，当时早起晨练的同学、保安和管理员都目睹了现场，并有同学拍下照片发到了 BBS 上。

咨询师针对这种情况，在危机事件发生的第二天对李某所在班级的同学作了团体辅导，并打算招募目睹现场的同学、保安和管理人员进行心理危机干预。

【活动方案】

主题："逝去的生命" 危机干预团体辅导

团体时间：2010 年××月××日（危机事件发生的第二天）

团体次数：1 ~ 2 次

团体理念：

（1）群体动力学理论。德国心理学家勒温认为，人就是一个场，人的心理现象有空间的属性，即人的行为是由场决定的。用公式来表示：B = f（PE），其中 B 表示行为，P 表示个人，E 表示环境。场是融行为、主体和环境为一体的整体，具有自身独特的特征，它的整体性在于场内并存事实相互依存和作用的关系。

（2）认知疗法。贝克认为，思想和信念是情绪和行为表现的原因，人们的情感和行为很大程度上是由其自身认识世界和周围事件的方式决定的。治疗师的任务是和来访者一起认识并矫正这些认知，以解决心理问题。

（3）复原力理论。McWhirter（1998）等人使用了"复原力"一词，指出人们在相当困难的情境中仍然能解决问题，恢复正常的生活功能，作出成熟健康的决定。

身边的同学突然离去，对于整个班级来说是个重创，班级气氛一片混乱。很多同学至今不敢相信，一些同学出现大喊大叫、互相指责等行为；一些同学食欲不振、不敢回寝室，害怕独自一人。

1. 单元目标

（1）介绍活动，以及在危机事件后可能会出现的生理、心理反应。

（2）让成员表达自己的感受，释放不良情绪。

2. 活动的内容与方式

（1）活动导入。在开场时介绍自己和今天的活动内容，并普及心理健康知识，如告诉同学们在经历过危机事件后可能产生的生理心理反应，以及随着时间的推移可能会有的变化。

咨询师：同学们好，我是咱们学校心理咨询中心的老师，我叫××。我了解到在李某离开我们之后，很多同学感到很恍惚，不敢相信；很多同学感到特别害怕，甚至失眠、面色发白，这些都是急性压力的表现……

（2）主要活动。

① 你说我听。

活动目的：成员间发泄自己的情绪，表达自己的看法。

活动时间：30 分钟。

活动方式：以小组讨论的形式进行。小组成员轮流发言，说出自己是在什么时间，通过什么途径知道这个事件，当时的感受是什么，现在的感受是什么，产生过怎样的想法。其他小组成员静静聆听，必要时可以减少情感反映和内容反映，但不要评论。如果有人站起来反驳，咨询师可以提醒他，可以不赞同别人的情绪，但要给别人表达情绪的机会。

成员 A：李某是我的室友，但是我们平常对她基本是忽略的，总觉得她会破坏我们的好心情。现在想起来，我是多么的自私，她遗书上说没有朋友，我当时羞愧自责到极点……

成员 B：其实我知道她自杀的真正原因是另有隐情，但我只能说制度太垃圾，学校不负责！都什么东西！

效果：让成员们敢于承认自己的不良情绪，把郁积在心中的情绪释放出来。

② 头脑风暴。

活动目的：探讨对死亡与生命、对挫折的正确全面的理解。

活动时间：40 分钟。

活动方式：现在当咨询师说出“死亡”“生命”“挫折”这样的词语时，成员头脑中会产生各种想法，让他们自由地表达出来，无论是积极的，还是消极的。咨询师要引导成员心中正面积极的力量，让团体朝积极的方向发展。

成员 C：我觉得人都会死，但是在活着的时候，为什么不好好活着，我们应该坚强起来。

成员 D：虽然我不知道她究竟为什么离开，但是我理解她，每个人都有每个人的理由，死亡也许对她更有意义。

效果：引导成员重新思考生命和死亡，利用团队中正性的力量，加强成员的抗挫能力。

③ 告别仪式。

活动目的：让同学们向李某诉说自己的心里话，完成未竟事宜。

活动时间：30 分钟。

活动方式：发给每个成员一张 A4 纸，让他们把自己想对李某说的话写在纸上。准备一个放满白蜡烛的盘子，排成心形，让每一个成员为李某点燃一支蜡烛。当成员们都写好了自己要说的话时，咨询师带领所有成员面对蜡烛，把自己的话说给李某听。最后，面对蜡烛鞠躬，给李某深深的祝福。

效果：让成员完成未完成事宜，表达情绪，这也是踏上以后生活的起点。

④ 放松训练。

活动目的：感受集体的力量，掌握放松的方法。

活动时间：30 分钟。

活动方式：深呼吸放松法。找一个舒适的地方，或坐或躺，双臂自然下垂，闭上眼睛，用腹部慢慢吸气，吸到足够多，保持 2 秒，再用鼻子缓缓吐气，注意把握呼吸的节奏。肌肉放松法。通过让人有意识地去感觉主要肌肉群的紧张和放松，从而达到放松的目的，将肌肉群按照一定顺序收紧—保持—放松，感受紧张感消失。视觉的想象。或称为可视化，可以帮助来访者使心理危机的力量和自我认知的力量达到平衡。如想象一个内心的花园，成员可以在花园里种植自己喜欢的植物，也可以造一个池塘和其他装饰物。欣赏自己的花园，并邀请别人来游玩。通过冥想，成员可以细腻地体会自己的内心世界。

活动结束前，所有的成员紧紧地抱成一团，感受集体的力量，感受同伴的支持。

（三）活动效果评估

对危机干预团体辅导活动过程和结果的评估是由咨询师、助理和成员等共同完成的。对活动过程的评估主要是通过咨询师和助理的自评、成员的感想反馈等进行的，用于培训者的反思和提高。而对活动结果的评估以团辅效果为主，包括成员的自评、周围朋友家人的评定、心理健康量表评定等。

三、针对群体的教育举措

心理危机在人的一生中随时都会出现，谁都难以逃脱。而对于校园中的学生来说，心理危机可能会成为吞噬美丽花朵的幽灵。有些心理比较脆弱的学生，会因为危机事件导致不理智的情感或行为，甚至酿成悲剧。因此，建立健全的学校心理危机干预体系，帮助学生顺利度过危机，成为学校的当务之急。

（一）学生心理危机多发时期和重点群体

在一些特殊的时期，学生比较容易遭受校园心理危机。这些时期主要包括：

1. 新生适应期

当学生来到陌生的校园里，很容易产生各种心理危机。第一，升学后学生适应不了新的学习方式。有很多学生来到高中或大学时，会发现原来的学习方法不再适应当前的学习，学习成绩有所下降，导致焦虑情绪。第二，原先的优越感丧失。升学考试选拔出一批优秀的学生。他们会发现自己不再是教师关注的焦点，周围的同学都很优秀，心情会变得很失落。第三，新生在环境适应上也有可能出现问题。学生离开家到遥远的地方上学，可能会出现水土不服的情况，生理上的不适应可能导致心理危机。

2. 期末考试或其他重大考试时期

期末考试是心理危机爆发的高峰时期。考试本身就是一种压力源，学生对考试不合理的认知将会加重心理危机感。有些学生认为分数是衡量一个学生好坏的唯一标准，如果考试失败就一无是处。这样的非理性信念会使学生处于应激状态，有可能产生心理问题。

3. 毕业时期

毕业意味着转折，也意味着选择。有些学生因为学分、论文等问题不能顺利毕业，这对他们是个严重的打击。毕业也可能会造成感情危机、人际关系危机等。面对激烈的竞争和就业压力，也让毕业生们出现不同程度的焦虑情绪。

4. 季节交替时期

季节性心理障碍是以与特定季节（特别是秋冬季）有关的抑郁为特征的

一种心境障碍。人们在这个时期会感觉到心情烦躁、睡眠增加、身体疲劳和精力下降、食欲减退、注意力集中困难等。在梅雨季节，持续的阴天和降雨也会引起人们的低落情绪。

以下五类学生群体是心理危机的易感群体，也是心理危机干预的重点工作对象，学校要给予特别的关注：

（1）贫困学生。家庭的期望和经济的压力可能会让贫困学生背上沉重的心理包袱。同学之间的比较，可能会引发贫困生的自卑感。

（2）出现严重疾病或是传染疾病的学生。生理疾病和经济负担可能会让学生产生绝望感。

（3）缺乏社会支持系统的学生。在家里感受不到父母的爱，在外面没有朋友，经常独来独往的学生，当遇上危机事件时，会比其他学生更容易出现心理防线崩溃现象。

（4）有心理创伤的学生。如经历过家庭暴力、性伤害、家庭成员或身边的同学自杀等事件的学生，会产生担忧、焦虑、抑郁和恐惧的情绪，甚至变得沉默寡言，性格孤僻。

（5）感情受挫的学生。有些学生经历失恋、被拒绝或被第三者插足后，其自信心会严重下降，产生自卑感，甚至会对生活失去希望。

（二）学校的心理危机干预系统

对于心理危机，学校可以采用“双管齐下”的方式，一方面是预防学生心理危机的产生；另一方面是处理已经产生的心理危机。这就需要学校建立健全的心理危机干预体系，全方位地呵护学生的心理健康，让学生感受到关爱，得到人格的完善和提升。

1. 建立学生心理危机预防体系

心理危机干预工作可谓环环相扣。心理危机的预防是整个预防体系的第一环。它是一项未雨绸缪的工作，如果在这个环节做得好，可以防患于未然，为后面的心理健康工作打下坚实的基础。本环节的工作主要包括以下六个方面：

（1）开展学生心理健康教育课程和生命教育。学校可将心理健康教育作为公选的必修课，它可以提高学生的适应能力，培养良好的个性心理品质，促进学生心理素质的提高。心理健康教育课可以包括以下内容：心理健康概述、心理健康的影响因素、人生的发展阶段和心理健康、自我概念的发展、人际交往与亲密关系、压力与焦虑、怎样应对挫折、自杀预防、环境变化与心理健康等。试图通过课堂讲授使学生保持心理健康，遇到心理问题及时求助，拥有积极健康的生活态度。

生命教育最早在1968年由美国学者杰·唐纳·华特士明确提出，它的任务是使人们了解到生命的起源、体验生命的喜悦、理解生命的尊严。著名哲学家、教育学家卢梭在《爱弥儿》中说过："孩子随着年龄的增长而越加宝贵，除了他个人的价值以外，还加上了别人为了照料他们而花费的种种耗费；除了丧失生命以外，还加上我们对死亡的伤感。"在校园里开展生命教育，可以帮助学生认识生命的意义、珍惜自身的生命、尊重敬畏他人的生命以及自然界其他物种的生命，促进学生的身心健康，使其全面发展。

（2）开展心理危机干预团体工作坊。学校可以组织针对各种心理问题的团体工作坊。如人际关系工作坊、恋爱问题工作坊，来招募一些经历过人际关系、感情困扰的学生或是想要提高自身人际关系的学生来组成一个团体，由专业的心理学教师来引导这个团体，讨论大家共同关心的问题。在这个团体中，大家互相支持，表达自己的情感和看法，认识新的同学和朋友。这是一种见效快、普及面也较广的心理辅导方式，但是可能也会有个别同学不适合这种辅导方式。

（3）开设专门的学校心理咨询中心。咨询中心同时设有面谈咨询和电话咨询，确保陷于精神痛苦或心理危机的大学生能够及时得到救助。聘请多位专职的心理教师，这些教师要求有心理咨询师二级以上的国家资格证书或教师职称，并且有丰富的个案经历。每位教师在中心要有固定的心理咨询时间，如果学生有心理问题想要咨询，可以先到咨询中心进行预约。咨询的时长为50分钟到1个小时。每次做完咨询后，咨询师都要认真做好咨询记录，便于以后察看；个案咨询为来访者提供了和咨询师面对面讨论问题的机会，但是也有很多学生怕被人嘲笑而不敢走进心理咨询室。学校要给学生树立起这样的观念：每个人都有遇上心理问题的时候，而心理咨询中心是学校给广大学生的一种关爱、一种资源，"有问题，找咨询师"。当大家都默认了这样的观念时，心理咨询中心才能被大家接受，才能起到更好的作用。

（4）建立学院二级心理辅导站。大学拥有的学生量要远远超过中学，如果仅靠学校的心理咨询中心可能很难顾全所有的工作。在每个学院建立二级心理辅导站，有学院专门的心理咨询师，一方面组织一些本学院的团体辅导等活动，另一方面配合学校心理咨询中心的活动，这样就可以全方位地、近距离地关注学生的心理健康。广东省很多高校都已经在尝试这种模式，如华南师范大学、华南农业大学等，都取得了不错的效果。

(5) 发挥高校心理辅导员和中学班主任的作用。这些教师是每天都要和学生朝夕相处的，对学生的基本情况也比较了解。可以将心理健康工作渗透到日常工作中去，多与学生沟通交流，随时关注学生的状态，如果发现有学生最近心理行为异常，要多注意关心他们；多鼓励学生参与健康向上的校园文化活动和社团、班级工作，如果有机会可以和他们一起参与活动，增进感情。总之，和学生不仅仅是“师生关系”，还要是“朋友关系”，让学生觉得教师是个可以信赖、爱他们的人。

(6) 开展心理健康服务月宣传活动。这些活动可以由心理咨询中心主办，一些学生团体协办，在此期间可以开展各种丰富多彩的活动。如开展心理健康沙龙，请心理教师就大家关注的心理健康问题给大家举办讲座并发起讨论；心理知识竞赛，邀请学生来参加有奖心理知识竞猜活动，以普及心理知识；心理知识图片展，向学生展出心理错觉图、心理小测试、如何应对考试压力、如何让大家喜欢你等知识；心理游戏和心理仪器展示，经典的河内塔、七巧板、手眼协调仪等心理仪器，连环手、信任倒等游戏会培养学生对心理学的兴趣。除此之外，播放心理电影、排演心理剧等也是不错的活动方式。

2. 建立学生心理危机的评估体系

心理危机的评估起着一个承上启下的作用，用于信息传递、信息筛选、信息整合和信息上报。它承接心理危机的预防工作，并为心理危机的处理工作打下基础。心理危机的评估主要包括两个方面：一方面是心理危机的日常评估，即了解所有在校学生的日常心理状况，如新生心理健康状况普查、建立心理档案等；另一方面，在心理危机形成和爆发前，评估学生的心理状况，及时发现引起危机的事件，及时做好心理疏导，降低危机事件对学生心理的伤害。

(1) 开展学生心理普查和新生访谈活动。每年采用心理量表测试对所有学生进行心理状况普查。目前使用最多的是艾森克人格问卷（EPQ）、症状自评量表（SCL－90）和大学生心理健康调查问卷（UPI）等。通过 UPI 测试，我们可以把学生分为三类，被选入一类的学生将是心理健康工作的重点对象。其中一类学生又可以分为：A 类，该类学生需要进行持续的心理咨询；B 类，虽没有严重的心理卫生问题但也有咨询需要的学生，该类学生可作为咨询机构今后关注的对象。由于这些量表是从国外引进的，测量可能会受文化背景的影响，我国教育部组织心理学专家针对高校学生制定了“中国大学生心理健康相关评定量表”，包括中国大学生生活应激量表（CSLSS）、中国大学生心理健康量表（CSMHS）、中国大学生适应量表（CSAS）和中国大学生人格量表（CSPS），更加全面地测评大学生的心理状况。学校可以直接使用心理测评系统，这样可以使数据的输入、搜集存储和检索更加方便。

由于新生是心理危机的高发群体，他们对学校可以利用的心理自救资源并不是很了解，所以对于从新生中筛选出来的学生，学校心理咨询中心要对其进行新生访谈。主要了解他们在学校的适应情况和当前的情绪状态等，结合面谈和测试的综合情况对学生的心理状态作出评估，并对心理咨询中心作介绍和宣传。

（2）建立学生心理健康档案。心理健康档案主要包括本人情况评估，家庭成员情况评估，心理健康状况（人格、智力、情绪、意志、适应能力、自我评价、人际关系等）评估，导致心理问题的主要原因，心理健康测评结果，心理辅导记录等方面。由于心理测评的数据会受多种因素的影响，如新生刚踏进校门时，心理状况很不稳定，这时候施测就容易失真，所以，心理档案的完成时间一般在新生入学后三个月内。心理档案应尽可能全面反映学生的心理特点，从而为学校教育提供可靠准确的信息，同时学校有为学生信息保密的义务。学生毕业时，心理档案应得到妥善处理。

（3）建立分层级的评估系统。第一级评估系统主要是班干部和心理委员。这些人员是和广大学生经常接触的，能够比较及时地发现产生心理危机的学生。对于以上人员的心理学培训是十分必要的。培训内容主要集中在心理健康标准、如何鉴别心理异常、不同类型心理问题的诊断、危机事件心理处理原则等方面。第二级评估系统是班主任和学生辅导员。第三级评估系统是学院领导、学生工作部门和学校咨询中心。对于第一级上报来的重点关注对象，由学校心理咨询中心评估危机等级，并进行个案咨询。评估的指标主要包括以下四个方面：危机发生的时间和严重程度、个体的精神状态、负性情绪与认知、社会支持系统（如下图所示）。

学校三级评估系统

如果学生问题严重，就要考虑和所在学院以及家长沟通，共同帮助学生度过心理危机。如果学生出现精神障碍、人格障碍和严重抑郁等问题，则需要考虑转介到精神科门诊或暂时回家休养。

（三）建立学生心理危机处理体系

心理危机处理工作是整个工作的核心部分，起着举足轻重的作用。它是在学生心理危机发生后数小时到数星期内进行。主要工作包括建立咨询关系、诊断危机程度、处理不良情绪和讨论不合理信念。学校根据心理危机的发生时间、强度和涉及范围，选择不同的心理危机干预模式，调动可以使用的资源和力量，给予学生心理支持和帮助。

1. 专业心理咨询模式

当学生自评受到心理危机困扰或是一级评估系统人员发现周围有同学心理行为异常时，要建议他们到心理咨询中心寻找专业的心理咨询师咨询。心理咨询师应遵循保密原则，建立良好的咨询关系，给予来访者支持和理解，对来访者的心理危机程度给予诊断，和来访者商量制订心理咨询计划。具体的咨询方法和来访者的特质、危机程度以及咨询师的风格有关。

当来访者具有自杀或伤人倾向时，则属于保密例外情况，要通知其所在学院的领导或教师，并告知家长，共同关注。当来访者具有人格障碍、严重抑郁、严重焦虑、精神障碍等时，应将其转介到精神科进行药物治疗。这种模式的优点是直接有效，但涉及面还不够广泛。

2. 朋辈心理咨询模式

学校应该培养一批朋辈咨询员来辅助心理健康工作的展开，他们是专业心理咨询和广大学生的桥梁。马歇尔夫对朋辈心理咨询的定义是："非专业心理工作者经过选拔、培训和监督，向寻求帮助的年龄相当的受助者提供具有心理咨询功能的人际帮助的过程。"朋辈心理咨询员要具有基本的心理咨询知识，心态积极乐观，愿意给予他人心理支持，并善于自身的内部整合。朋辈心理咨询有以下优点：发现问题及时，能够给更多学生带来咨询服务；由于年龄相似，有些甚至私下比较熟悉，学生比较容易接受，不会产生阻抗心理；他们在帮助其他同学的同时，学到了心理学的专业知识，获得自身心理的健康成长，也会更加积极应对自己遇到的心理危机。但要注意的是，如果碰到比较棘手的个案，一定要向心理咨询师报告。

3. 社会支持系统整合模式

在危机发生时，有些学生会主动寻求社会支持，但也有很多学生会拒绝外界的支持，甚至没有利用社会支持来解决危机的意识。而心理危机干预如果仅靠学校的力量是比较单薄的，如果能够帮助学生调动起整个社会支持系统的力量，将会事半功倍。Josh McDowell 在《相爱的秘密》中曾经说过：

“备受情绪困扰的年轻人从未真正体验到爱。如果一个孩子在家中不仅能感受到父母对他的爱，而且能感受到父母之间的爱，那么他就能够把爱分享；否则，他将无法真正知道如何付出和接受爱。”所以，家庭对于学生来说是非常重要的。当学生遇到心理危机时，学校要及时和家长沟通，与家长一起共同关注学生的心理状况。如果出现心理危机的学生来自特殊家庭，如单亲家庭、再婚家庭等，学校要更加关注这些学生和家长平时的沟通情况。

在高校，学生大多离家很远，来自家庭的支持力量会受到限制，这时来自同学、朋友和恋人的支持显得特别重要。咨询师应当引导学生思考可以利用哪些力量来支持自己。这时可以采用描绘“关系树”的方式，让学生写出能够支持自己的人。每写一个，心里就会涌现出和朋友在一起的点点滴滴，内心就会多出一份温暖和关怀，那些人的存在，会让学生产生面对困难的信心。

其实，归根结底，学生社会支持系统的基础是学生对自我的接纳，对自己心理健康的维护。因此，整个落脚点还要放到帮助个体建立良好的心理应对机制上。这主要包括认识自我、悦纳自我、接受他人、面对现实、积极应对、人格完善等。

（四）建立学生心理危机后期跟踪体系

学生心理危机干预是一个长期的、连续的工作，危机情形得到有效的控制并不是危机干预工作的终点。我们还需要做一些后期跟踪的工作。辅导员、班主任和心理委员要持续关注这些学生在日常生活中的情况，多和他们沟通，鼓励他们将精力投入到接下来的学习生活中，并积极参加课外兴趣小组工作和社团活动。调整还不是特别好的学生，建议他定期到咨询室做咨询并接受心理测评，及时完善心理档案。对于需要定期咨询的学生，使用强制的方法是不行的，会让他们产生阻抗心理。只有让学生感受到真正的爱和关心，学生才会把咨询室看成是一个安全的小岛。如果学生能够在这里得到心灵的休憩和成长，就会接受这样的建议。

在一些重大危机事件或集体性危机事件发生后，要做好相关外围人员的心理干预，持续地关注他们的心理状态。

附表1：危机干预的分类评估量表（THF）

一、危机事件

简要确定和描述危机的情况：

____

____

二、情感方面

简要确定和描述目前的情感表现（如有几种情感症状存在，请用1、2、3标出主次）。

愤怒、敌对：

____

____

焦虑、恐惧：

____

____

沮丧、忧愁：

____

____

三、认知方面

如果有侵犯、威胁或丧失，则予以确定，并简要描述（如有多个认知反应存在，请用1、2、3标出主次）。

1. 生理、环境方面（饮食、水、安全、住处等）

侵犯：__________ 威胁：__________ 丧失：__________

____

____

2. 心理方面（自我认识、情绪表现、认同等）

侵犯：__________ 威胁：__________ 丧失：__________

____

____

3. 社会关系方面（家庭、朋友、同事等）

侵犯：__________ 威胁：__________ 丧失：__________

____

____

4. 道德/精神方面（个人态度、价值观、信仰等）

侵犯：__________ 威胁：__________ 丧失：__________

____

____

四、行为方面

确定和简要描述目前的行为表现（如有多个认知反应存在，请用1、2、3标出主次）。

接触：____

____

回避：____

____

无能动性：____

____

五、量表严重程度小结（评分）

情感：____

认知：____

行为：____

合计：____

评分标准：

1. 情感严重程度量表

根据求助者对危机的反应，在下列恰当的数字上画圈。

1	2	3	4	5	6	7	8	9	10
无损害	损害很轻		轻度损害		中等损害		显著损害		严重损害
情绪状态稳定，对日常活动情感表达透彻	情感对环境反应适切，对环境变化只有短暂的负性情感流露，情绪完全能由求助者自控		情感对环境反应适切，但对环境变化有较长时间的负性情感流露，求助者能意识到需要自我控制		情感对环境反应有脱节，常表现为负性情感，对环境变化有较强烈的情感波动，情感状态虽然比较稳定，但要努力控制情绪		负性情感体验明显超出环境的影响，情感与环境明显不协调，心境波动明显，求助者意识到负性情感，但不能控制		完全丧失或极度悲伤

2. 认知严重程度量表

根据求助者对危机的反应，在下列恰当的数字上画圈。

1	2	3	4	5	6	7	8	9	10
无损害	损害很轻		轻度损害		中等损害		显著损害		严重损害
注意力集中，解决问题和作决定的能力正常，求助者对危机事件的认识和感知与实际情况相符合	求助者的思维集中在危机事件上，但思想能受意志控制，问题解决和作决定的能力轻微受损，对危机事件的认识和感知基本与现实相符合		注意力偶尔不集中，感到较难控制对危机事件的思考，解决问题和作决定的能力降低，对危机事件的认知和感知与现实情况所预计的在某些方面有偏差		注意力时常不能集中，较多地考虑危机事件而难以自拔，解决问题和作决定的能力因为强迫思维、自我怀疑和犹豫而受到影响，对危机事件的认识和感知与现实情况可能有明显的不同		沉湎于对危机事件的思虑，因为强迫思维、自我怀疑和犹豫而明显影响了求助者解决问题和作决定的能力，对危机事件的认知和感知可能与现实情况有实质性的差异		除了危机事件外，不能集中注意力，受强迫思维、自我怀疑和犹豫的影响，丧失了解决问题和作决定的能力，因为对危机事件的认识和感知与现实情况明显有差异，影响日常生活

3. 行为严重程度量表

根据求助者对危机的反应，在下列恰当的数字上画圈。

1	2	3	4	5	6	7	8	9	10
无损害	损害很轻		轻度损害		中等损害		显著损害		严重损害
对危机事件的应对行为恰当，能保持必要的日常功能	偶尔有不恰当的应对行为，能保持正常必要的日常功能，但需要努力		偶尔出现不恰当的应对行为，有时有日常功能的减退，表现为效率的降低		有不恰当的应对行为，且没有效率，需要花很大精力方能维持日常功能		求助者的应对行为明显超出危机事件的反应，日常功能表现明显受到影响		行为异常，难以预料，并且对自己或对他人有伤害的危险

附表2　自杀意念自评量表

姓名　　　性别　　　年龄　　　文化　　　职业　　　填表日期

指导语：在这张问卷上印有26个问题，请你仔细阅读每一条，把意思弄明白，然后根据你自己的实际情况，在每一条后的“是”或“否”的括弧内选择一个，打上一个钩。每一条都要回答，问卷无时间限制，但不要拖延太长。

1. 在我的日常生活中，充满了使我感兴趣的事情…… 是（　）否（　）
2. 我深信生活对我是残酷的……………………………… 是（　）否（　）
3. 我时常感到悲观失望…………………………………… 是（　）否（　）
4. 我容易哭或想哭………………………………………… 是（　）否（　）
5. 我容易入睡并且一夜睡得很好………………………… 是（　）否（　）
6. 有时我也讲假话………………………………………… 是（　）否（　）
7. 生活在这个丰富多彩的时代里是多么美好………… 是（　）否（　）
8. 我确实缺少自信心……………………………………… 是（　）否（　）
9. 我有时发脾气…………………………………………… 是（　）否（　）
10. 我总觉得人生是有价值的 ………………………… 是（　）否（　）
11. 大部分时间，我觉得我还是死了的好 …………… 是（　）否（　）

12. 我睡得不安，很容易被吵醒 …………………… 是（ ）否（ ）
13. 有时我也会说别人的闲话 …………………… 是（ ）否（ ）
14. 有时我觉得我真是毫无用处 …………………… 是（ ）否（ ）
15. 偶尔我听了下流的笑话也会发笑 …………………… 是（ ）否（ ）
16. 我的前途似乎没有希望 …………………… 是（ ）否（ ）
17. 我想结束自己的生命 …………………… 是（ ）否（ ）
18. 我醒得太早 …………………… 是（ ）否（ ）
19. 我觉得我的生活是失败的 …………………… 是（ ）否（ ）
20. 我总是将事情看得严重些 …………………… 是（ ）否（ ）
21. 我对将来抱有希望 …………………… 是（ ）否（ ）
22. 我曾经自杀过 …………………… 是（ ）否（ ）
23. 有时我觉得我就要垮了 …………………… 是（ ）否（ ）
24. 有些时期我因忧虑而失眠 …………………… 是（ ）否（ ）
25. 我曾损坏或遗失过别人的东西 …………………… 是（ ）否（ ）
26. 有时我想一死了之，但又矛盾重重 …………………… 是（ ）否（ ）

第四章 校园暴力事件的心理干预

【案例1】2007年5月15日，广东省电白县某中学发生了一起令人震惊的凶杀案：该校一名男生吴某用刀捅死两名学生，捅伤4名学生，而犯罪嫌疑人吴某年仅17岁。据悉，被刺的6名学生中有人曾多次向吴某索取“保护费”，吴某向教师和家长都反映过，但未获解决。

【案例2】1999年12月13日，贵州省湄潭县某小学五年级学生冯某，因为上课时向教室后边扭了一下头，班主任罗老师当即大声呵斥，吓得冯某全身发抖。因为罗老师规定，谁上课时转头看后面的同学，就要让后面的同学吐十口唾沫给他吞下。这条纪律马上执行了。后排同学吐到第三口时，冯某还了一口唾沫。罗老师立即火冒三丈，强令后排的这位同学到厕所撬屎来喂给冯某吃。

【案例3】2010年11月18日，广东省东莞市某中学初二学生袁某，因不满教师教育，对教师进行报复，在众目睽睽之下挥拳殴打教师，同班同学见状上前拉住袁某，袁某不但不听劝阻，反而还打伤几名同学，随后丧心病狂地痛击陈老师头部，导致陈老师头部重伤，左眼严重创伤，右眼视网膜韧带断裂，脑部积血，经医生诊断，极有可能因此失明致残。

近年来，校园里诸如此类的暴力事件不断发生，越来越引起了人们的关注。从媒体上报道的大量由于同学长期勒索、敲诈、欺侮而发生的学生出走、以暴制暴乃至自杀的恶性事件，由于教师侮辱和辱骂导致学生自杀事件，由于外来社会人员侵入校园带来的暴力事件等都可以看出：校园暴力已经普遍地、不同程度地存在于各类学校中，并呈逐年上升的趋势。美国《防止城市学校暴力论文集》的编辑Schwartz认为，校园暴力是最令人关注也是最有争议的问题。一方面，青少年越来越多地用拳头和工具去解决争端；另一方面，由于贫困和家庭关系不和谐引起的暴力问题也广泛地出现在各类学校中。研究这些暴力行为对学生心理的影响，制订相应的心理辅导方案，是促进学生健康成长的一项重要课题。

一、校园暴力事件的界定

（一）暴力与校园暴力

关于暴力，联合国世界卫生组织（1996）是这样描述的："没有哪个国家和社会远离暴力，媒体充斥着暴力的图像和解释，街道、家庭、学校、工作场所及其他机构到处都充斥着暴力。暴力已经成为破坏社会结构、威胁我们人类的生命、健康和幸福的常见灾难。暴力是一种蓄意运用躯体的力量或权力，对自身、他人、群体和社会进行威胁或伤害，造成或极有可能造成损失、死亡、精神伤害、发育障碍或权益的剥夺。"

校园暴力是暴力的一种特殊类型，是针对近年来频繁发生在校园内的暴力事件而提出的一个新概念，对此，不同的学者看法不尽相同。在国外的研究中，校园暴力的相关概念较早地被提及。校园暴力最早始于 20 世纪 70 年代挪威心理学家 Olweus 对校园欺负行为的系统研究，他认为"一个学生如果反复地或长期地成为一个或多个学生的负面行为的攻击对象，这个学生即是被欺负或成为暴力或迫害行为的受害者"。这个定义在当时普遍被欧美国家接受，但是仍没有包含所有具体的校园暴力事件。美国心理学家 Anderson 认为凡是在公立或私立学校的校园内、学生上学或放学途中、学校举办的活动过程中所发生的暴力行为都可归结为校园暴力。美国预防校园暴力中心对校园暴力的定义是："任何破坏了教育的使命、教学的气氛以及危害到校方的预防人身伤害、财产损失、毒品和枪械犯罪的努力，破坏学校治安秩序的行为。"

国内的研究则相对较晚，尽管大部分研究已经考虑了文化差异，结合中国学校与教育的实际提出对校园暴力的理解，但也未形成统一的定义。中国青少年犯罪协会副秘书长、青少年法律援助与研究中心主任佟丽华认为"校园暴力是指发生在学校校园，由教师、同学和校外人员针对学生身体和精神实施的，达到某种严重程度的侵害行为"。北师大比较教育研究中心的张旺则认为"校园暴力是发生在校园内外、施加于学校成员（既包括学生也包括教师）的能导致身体和心理伤害的行为"。徐久生主编的《校园暴力研究》中将校园暴力定义为："行为人针对在校师生的身体和心理的暴力行为，对学校财物或师生财物实施的暴力行为，均可界定为校园暴力。"

纵观国内外学者的研究发现，目前，对于校园暴力的界定可以分为范围界定和人员界定两种。所谓范围界定就是强调校园暴力是以学校为中心，涉及的具体范围不同。广义的范围界定认为校园暴力包括学校内、上下学途中、学校周边环境中、学校组织活动中等所有与学校有关的暴力行为。而狭义的范围界定认为校园暴力就是指发生在学校内的暴力现象，这种观点被许多教育者所赞同。例如，遇旻指出："校园暴力行为是发生在校园之中的个别学生出于谋利、炫耀、控制等动机，经常性地欺负弱小同学，使其受到不同程度侵害的不良行为。具体表现为在校的青少年学生中，某些人无端地、长期地挑衅、欺负、虐待、殴打弱小者，例如，抢夺低年级同学的财物、文具，向弱小的同学勒索钱财，殴打、侮辱、责骂弱小同学，收取'保护费'等。"相对范围界定来说，人员界定说更关注校园暴力的受害对象，涉及的具体对象不同。广义的人员界定说认为校园暴力的实施对象和受害对象均包括教师和学生两个部分。而狭义的人员界定说则认为校园暴力主要是学生之间的暴力、教师对学生的暴力。

本书中采用的校园暴力的界定是大多数学者所认同的定义，即任何发生在学校内的学生与学生、学生与教师之间的包括身体及言语的攻击、性骚扰、欺负、破坏等的暴力行为都可认定为校园暴力。

（二）校园暴力事件的类型

综观近年来发生在中小学校园里的暴力事件，其表现形式逐渐呈现多样化。虽然国内外关于校园暴力的界定尚未统一，但国内外学者对于校园暴力的分类主要有以下两种方法：

一是按照事件性质分类。美国教育部和司法部进行的"校园暴力与犯罪调查"中的校园暴力表现为：身体攻击或斗殴、抢劫或抢夺、偷盗、欺凌弱小、持枪或爆炸性设备、持刀或其他利器、自杀、性侵犯、性虐待、分发和滥用毒品、私藏和使用酒精或毒品、非法团伙、故意破坏行为（包括计算机黑客入侵）等。Zeira 等人认为，校园暴力表现为严重程度和发生频率不同的多种行为，如暗杀、性骚扰、校园斗殴、报复犯罪、欺负、言语威胁和胁迫、体罚、群体犯罪、故意破坏行为和约会暴力等。由于中西方文化的差异，国内的校园暴力事件表现方式明显不同于西方国家。张旺认为校园暴力有以下行为表现：青少年自杀事件、使用武器的恶性暴力事件、暴力攻击、偷盗、针对教师的暴力行为、其他形式的暴力。徐久生认为按照对象来分，可分为生理上的暴力和心理上的暴力，其中生理上的暴力又可以分为对人的暴力和对物的暴力。

二是按照对象类型分类。徐久生认为按照参与的对象来分，可分为：学生对学生的暴力行为，学生对教师的暴力行为，社会人员对在校学生的暴力行为，教师对学生的暴力行为；学生对财物的暴力行为；学生对社会人士及财物的暴力行为。谢志涛提出，校园暴力的类型可分为以下三种：校外人士闯入校园造成暴力事件；师生之间的暴力事件；学生之间的施暴行为。

本书认为对于校园暴力事件应该按照其严重程度及其呈现形式划分为身体暴力、语言暴力和性暴力。

身体暴力主要包括身体攻击和身体威胁方面，例如，学生打架斗殴、校园帮派以及其他可能导致疼痛、伤害以及损伤的肉体攻击行为，等等。这在校园暴力现象中最为普遍，大多数教师和学生也都认同这是学校里发生的校园暴力的主要类型。

语言暴力主要是指辱骂、歧视学生，侮辱人格等可能对个体的精神达到某种严重程度的侵害行为。除此之外，关系暴力也会对学生的精神和心理状况造成严重的伤害，即运用人际关系来实施的暴力，包括散布谣言、孤立某人、对学生的要求和问题不予理睬等。这种暴力形式通常不易察觉，相对于身体暴力和语言暴力，也不易受到重视，但是它同样会给学生造成严重持久的心理伤害。

性暴力主要表现为各种形式的性骚扰和性侵犯。由于其造成的严重的生理和心理的双重创伤，再加上目前校园内发生的校外人员对于学生的性侵犯事件逐渐增多，所以，本书在校园暴力的分类中将性暴力作为独立于身体暴力与语言暴力之外的一种严重的校园暴力类型。

随着社会的发展和科技的进步，一些新的校园暴力类型逐渐引起人们的重视。网络在带来大量便利的同时，则由于其匿名性更容易让学生和教师受到骚扰，一些学生会选择网络途径来实施侮辱、骚扰和恐吓，目的是报复同学或教师。2003 年，Rachel Simmons 在一篇文章中说明“网络欺侮是儿童社会残暴行为中，最新近、最邪恶的一种趋势”，可见网络暴力已经给越来越多的学校和学生带来了负面影响。

（三）校园暴力的几个相关概念辨析

1. 校园暴力与欺负行为

人们有时会将校园暴力行为与欺负行为等同起来。传统的暴力行为是有意利用身体力量或借助工具来实施的，给他人造成严重伤害的行为。根据这个定义，可以看出暴力既可以利用身体力量，也可以运用权力行为，例如，教师对学生的忽视和冷漠，同学之间的关系暴力，等等。从这个意义上来说，校园暴力是更为宽泛的概念，欺负行为只是校园暴力的一种普遍的形式。

2. 校园暴力与侵犯行为

社会心理学家认为，侵犯行为是指任何故意伤害他人的行为，这个定义就要求我们在判定侵犯行为的时候需要去考虑行为是有意还是无意的。Hester在其《应对校园暴力》中强调侵犯行为在社会可接受的准则之内，可以被认为是“被认可的侵犯”。例如，当被他人攻击时，我们出于自我保护可能会有进攻行为，这些进攻行为是社会准则允许的，所以是被认可的。从这个意义上来说，校园暴力大都是不被认可的侵犯行为，即违反了社会准则的进攻行为，会对他人造成严重的生理或心理伤害。

3. 校园暴力与歧视行为

“歧视”在我们这个多元社会中表达的是强烈的贬义，包括对他人的外貌、地域、残疾的不公平态度和行为。一方面，这些歧视行为可能会引发暴力，如对同学外貌的嘲笑和歧视，可能会引发学生的辱骂或侮辱行为，甚至导致同学之间大打出手，引发群体事件；对农村学生的歧视，可能会导致教师对学生的忽视和冷漠等关系暴力。另一方面，某些歧视行为可能并不会引发校园暴力，更多的是一种刻板印象或偏见。从这个意义上来说，不是所有的歧视行为都属于校园暴力。

二、校园暴力事件的心理影响

（一）对心理健康的影响

据2001年的一项调查显示，我国10.5%的中小学生都曾面临校园暴力的威胁。校园暴力事件频发，给学生带来巨大阴影，不但影响了学校的正常教学秩序，还严重影响了学生心理健康的发展。从国内学者对于校园暴力的研究中越来越关注心理伤害的倾向可以看出，校园暴力事件给学生带来的不仅是生理上的损伤，更多是心理上的侵害。对于受害学生来说，轻则可能使学生产生心理阴影，影响他们的健康成长；重则可能使学生产生严重的心理障碍，致使有的学生无法继续在校学习。

校园暴力会降低学生的心理健康水平，根据关系的相互作用论，研究认为心理健康水平较低的学生往往会被卷入到更多的校园暴力中，成为受害者。加拿大维多利亚大学的研究人员对四百多名儿童从小学一年级开始进行跟踪调查研究，结果发现，越是在小学一、二年级表现抑郁和焦躁的孩子，到三年级以后越是成为同学欺负的对象；一些刚入学时好斗的孩子，到三年级以后会变得抑郁和焦躁，而且更容易成为校园暴力的受害者。负责这项研究的维多利亚大学心理学教授认为，有心理健康问题的孩子往往在学校不太会处理同学之间的关系，如果再得不到教师和家长的及时帮助，这些孩子今后很可能成为校园暴力的受害者。

（二）直接影响与间接影响

学生在学校中的人际互动有三个倾向：一是攻击者；二是被攻击者；三是以一种合作、认同的方式参与互动（Rigby & Slee，1933）。据此，我们可以认为在校园暴力中主要有三种角色：一是受害者；二是施暴者；三是目睹者。校园暴力作为施暴者向受害者的一种暴力行为，对受害者的影响是直接的，包括生理伤害和心理伤害，例如，校园凶杀、打架斗殴、破坏等一系列暴力侵害行为可能会让受害者残疾，甚至死亡；对施暴者的影响是间接的，是暴力行为不断内化的结果，可能会造成施暴者人际关系、社会归属感、人格特征的扭曲和改变；对目睹者和旁观者的间接影响较大。Howard 等的研究也显示，目睹暴力会损害个体的心理健康，产生近期或远期不同程度的行为、认知、情感和身体功能障碍。陈大光的研究认为，童年期目睹校园暴力经历与女生心理问题明显相关。

校园暴力对受害者的影响是直接的。当发生校园暴力事件时，受害者受到了不同程度的躯体损伤，可能导致学生受伤或者身体残疾，严重的可能导致死亡，同时受害者的安全需要受到了直接威胁，心灵也受到了伤害，极易产生挫折感，导致安全感的缺失。如果学生得不到安全感的体验，则安全感的水平较低，就会对周围的人和环境产生恐惧情绪，焦虑水平也随之升高，这点可以从前人关于不安全感与心理障碍的研究中得到证明，强烈的不安全感与神经症有直接关系。

国内外学者的研究已经证实，校园暴力的后果不仅仅是躯体伤害，更严重的暴力伤害往往表现为心理上的“创伤后应激障碍”（PTSD），这是校园暴力对于受害者、目睹者的间接影响，这些影响可能不会产生即时伤害，而是通过长时间的持续作用可能会在数月或是数年后引起的更大的心理伤害。校园暴力引发的 PTSD 主要表现为：易怒、焦虑、沮丧、拒绝上学；突然间行为孤僻，人际关系紧张；或者长期受欺负，可能导致他们欺凌弱小。以上这些种类的心理伤害将会影响学生的学业成绩、社会适应以及人格发展等，并且这些间接的作用更有可能影响学生一生的健康发展。对于侮辱、关系暴力等一系列心理侵害行为，其潜在的、持久的危害会严重挫伤学生的自尊心、自信心和进取心，这些都可能导致学生在以后的生活中无法正常适应，影响到他们对自己和社会的认知。

校园暴力对于施暴者的影响也是间接而持久的。施暴学生的轻微暴力行为如果不能及时得到纠正、消除，就会逐步升级，这些学生就很难获得学校和家庭的认可，社会归属感长期得不到满足，可能导致其攻击性人格的形成，导致他们以后走上犯罪道路。祈红的研究发现，未成年人犯罪主体多是10～12岁开始有劣迹，13～14岁走上犯罪道路，14～17岁成为犯罪高峰年龄，18岁以后成为犯罪主力军。

从社会影响角度来说，校园暴力不但带来直接的教学秩序的破坏，危害师生安全，还会间接地使学生和家长对学校环境产生不信任感。如果学校没有对暴力事件进行有效的处理，那么施暴者就有可能将暴力行为扩展到更广泛的社区环境，从而影响整个社会的安定氛围。

（三）对学业适应、情绪人格和行为适应的影响

校园暴力对施暴者和受害者的消极心理影响是毋庸置疑的。在校园暴力中，受害者处于劣势地位，通常会采取一些消极的应对方式，进而可能影响其情绪、人格和社会适应能力；这些消极的应对方式又恰恰强化了施暴者的暴力行为，从而加剧其暴力程度，改变其认知和行为适应方式，产生严重的消极影响。从校园暴力引发的消极心理影响因素出发，可以分为对学业适应的影响、对情绪人格的影响及对行为适应的影响三个方面。

1. 学业适应方面

学业适应主要包括学生的学习态度和能力以及对学校的态度等。校园里发生的各种类型的校园暴力，如打架斗殴、言语攻击、关系暴力等都可能对学生的学业造成一定的影响。在学校里经常受同学欺负的学生，往往在学习上会表现出注意力难以集中、自卑等特点，会认为学校是个不安全的地方，缺乏学习热情，排斥学校和学习，从而导致学习成绩下降，严重的可能会引发恐惧情绪和逃学行为。Lodd曾对刚入幼儿园的儿童进行短暂的追踪研究，发现在刚入学时受到欺负的孩子，在此后的一个学期内容易出现逃学、厌学的现象。

在校园暴力中，受到直接的身体暴力的学生学业成绩未必会下降，受到语言暴力的学生往往成绩较差或下降比较明显。这是因为受到身体攻击的学生可能会为了避免与施暴者接触，而将主要活动转向学习，反而不会降低学业成绩；而受到语言暴力的学生，则极易产生挫折感，导致自信心的缺失和

自卑情绪的产生，这些会长期影响学生对于学业的积极性和投入程度，同时因为语言暴力行为的隐蔽性比较强，教师和家长对此认同度不高，重视不够，导致学生学业成绩下降。这点可以从 Woods & Wolke 的研究中发现，即只受到直接欺负的学生的学习成绩并不比其他同学差。

大多数人会认为施暴者都是学习成绩和纪律性比较差的学生，这点可以从前人的一些研究中得到证实。相对于没有卷入欺负的儿童，欺负者的学业成绩和学习能力较低，学习焦虑程度较高。对于这个观点的解释，主要依据的是“竞争假设”的观点，即儿童的欺负行为是在学校里参与竞争和追求成绩的结果，儿童的攻击行为是在学校里遭受挫折和失败后的一种反应。施暴者为了满足自身攻击的需要，制造了较多的暴力事件，影响了班级的整体秩序，受到教师和同学大量的批评和指责，导致师生、同伴关系紧张，难以获得较多的支持资源，致使其学习成绩较差。

2. 情绪人格方面

长期受到别人的欺负，必然会导致自尊心和自信心的缺乏。在身体暴力中长期处于劣势，经常被攻击的学生容易自卑，形成消极的自我认识；同时这类学生由于长期被欺负，反叛和攻击的欲望被压抑，可能导致其不良人格特征的形成。Byrne 的研究认为受欺负者在社会关系中缺乏安全感，降低了个人的自我评价和自我价值感，在长期遭受语言和身体攻击而又无力自卫时，极易产生不安全感，形成习得性无助。施暴者虽然在暴力事件中处于优势地位，但是其在情绪和人格方面也会表现出潜在的心理问题。他们大都表现出情绪不稳定和具有较强的攻击性以及神经质性倾向。Craig 认为经常骂人、嘲讽和攻击他人的个体会表现出较高水平的焦虑。这可能是因为施暴者本身就存在着固有的病理性焦虑促使他们做出更多的攻击性行为。对于这类学生，固有的焦虑让他们自身感到脆弱和无能，因此，他们可能会试图通过暴力行为去补偿这种缺失；同时这种焦虑情绪也会让他们在人际互动中始终防范他人，常常会把一些不确定的情境看成是有威胁的。

在人格特征方面，校园暴力会影响受害者、施暴者人格的塑造，这是隐性和间接的影响作用。性格内向、软弱、过于敏感的学生可能在校园暴力中更多是受害者，长期的这种暴力行为会不断增强其消极的人格特征，进而比较胆怯、畏缩。而施暴者表现出的暴力行为与其自身的气质和情绪特点有关。Bjorkqvist 对中小学生自我知觉的研究发现，实施攻击行为的学生在情绪化维度得分较高。这类学生往往缺乏自我控制能力，很多事情只能通过外在的攻击行为去表达内心的情绪和压力。在校园暴力中，施暴者通过实施暴力的方式满足自身某些需要，可能会逐渐形成攻击性的不良习惯，容易导致其形成攻击性人格，参与违法犯罪的几率就会显著增大。

校园暴力对于人格的消极影响在一类特殊的群体中也表现得十分突出。在校园暴力事件中，一些学生在遭受欺负或攻击的同时又转向攻击别人，这类学生大都不会出现工具性目的的攻击，只是因为不能控制自己的情绪和行为，他们往往性情暴躁，常常会处于愤怒和紧张的情绪中，容易冲动，还会表现出严重的情绪问题，如抑郁、焦虑等。这类学生兼具的双重角色更可能导致其受到同伴群体的普遍排斥，既不能取悦于其他施暴者，也难以得到受害者的接纳，他们表现出的情绪适应问题往往更为严重。

3. 行为适应方面

受到暴力攻击的学生在行为上会表现出畏惧和退缩，在人际交往中处于劣势地位，这点可以从王美芳等（2002）的研究中得到证实，即受欺负与被同伴拒绝之间存在很高的相关性，受欺负者在同伴群体中处于最不利的地位。在校园暴力中，受害者容易表现出退缩的行为反应，缺乏同伴交往的策略和技能，无法处理同伴之间交往中的问题，常常很难得到同伴的认可和接纳，这就导致其在经历暴力时得不到较多来自同伴的支持资源，孤立无助的状态又进一步加剧了其不良行为反应，增加了其受到伤害的可能性。这种被拒绝的状况同样也会发生在施暴者身上，由于暴力行为会破坏学校教学秩序，是违反制度和规范的行为，所以施暴者常常是不被欢迎的。然而，校园内还会存在另一种现象，校园暴力事件中的帮派团体往往可能在同伴中享有很高的地位，这主要有以下原因：一是因为主动性攻击有助于儿童在同伴群体中建立支配地位，对于年幼的学生来说，运用力量等手段达到目的是令他们羡慕的，随着年龄的增长，这种方式就会慢慢地不被接受和认可；二是帮派团体可以有效地将某些特征的学生集合起来，联系更紧密，这种支持网络使其享有较高的社会地位。

校园暴力对于行为方面的影响除了表现在人际关系上，还表现在不良行为上，如破坏性和攻击性行为。有些受害者在被攻击时会表现出反击行为，如欺负更弱小的学生，背后做小动作搞破坏等。这些持续受到暴力的学生渐渐地对班级和同学产生敌意，攻击性行为明显增加，在消极认知的支配下，表现出较多的反社会行为等外部化行为问题。

根据攻击行为发展的稳定性特征，我们可以发现，那些长期欺负和攻击他人的学生在成年后也会继续保持较高的攻击行为水平，并会形成稳定的攻击性人格。Eron & Huesmann 对一组儿童从 8 岁开始进行长达 22 年的追踪研究发现，在30岁之前，那些在学校中经常欺负和攻击他人的学生成年后的犯罪率为25%。这种稳定的攻击性人格可能导致个体参与更多的违法犯罪活动，也有可能导致其在家庭生活中表现出暴力攻击家人的行为，这对子女的心理发展有极大的消极影响。

三、校园暴力事件受害者的心理辅导

（一）国内外的经验

为了有效减轻校园暴力受害者的心理创伤程度，帮助其发展积极健康的认知和行为方式，近年来，国内外许多机构和学者都开展了大量的研究，一致认为通过心理辅导可以让学生更理性地面对校园暴力，积极地应对暴力事件带来的消极影响。

1. 国外的经验

挪威的校园暴力预防计划（BPP）以立足学校、层次多样、内容具体、可操作性强等特点在多个国家得到广泛推广和应用。这个计划主要包括学校水平、班级水平和个体水平三个层次，对于校园暴力受害者的辅导主要集中在个体水平，具体措施有：对卷入事件的学生进行个别辅导，改变他们的错误认识和态度；设计针对施暴者、受害者个人的干预计划。这个计划更加注重学校层面的干预，如班级管理工作，其对于学生个体的干预计划比较笼统，缺乏长期的针对学生个人的发展教育计划。

英国从20世纪90年代起实施的谢菲尔德计划，为学校及有关人员提供了预防和干预的指导意见，建立了适合于更广泛领域的干预材料和方法。在整个计划中，涉及受害者的心理辅导是同班支持计划，即通过同班互动，使受害者与施暴者建立联系，掌握一定的社会技能和应对策略。这个计划在一定程度上对于受害者在经历暴力之后的发展提出了意见和方法，通过社会技能的培养使受害者达到人际关系的良性互动，完成心理的康复过程。这种更关注校园暴力受害者发展的计划在轻微的校园暴力处理上有较好的干预效果，而对于严重的校园暴力事件，这个计划可能会因为缺乏前期的治疗而使受害者难以进入恢复阶段。

加拿大的多伦多反欺负干预计划同样在学校、班级和个体三个水平上进行，但是干预范围相对较小。比较突出的措施是利用关于欺负主体的戏剧和语言作品来鼓励学生参与讨论和互动，这种措施类似于现在的校园心理剧，可以通过学生易于接受的方式去展现校园暴力中的冲突情境，如人际冲突等。

它在受害者的团体心理辅导上发挥着重要的作用，对于学生的治疗和发展均具有明显效果。

美国的干预计划在缓解校园暴力消极影响方面有明显效果，得力于干预计划的多方位、多角度。美国在突出政府责任的前提下，制定了较多的法律和制度来预防校园暴力。在对受害者的心理辅导方面，美国的计划强调：一是建立专门的心理咨询服务中心或“危机中心”；二是通过改善课堂教学，提高学生的认知能力，有效减少潜在的暴力行为的诱发因素。

2. 国内的经验

随着恶性校园暴力事件屡见报端，国内的研究者都在研究如何更有效地开展校园暴力干预工作，减轻校园暴力对于受害者、目睹者和施暴者的消极影响。在这里，比较有代表性的是张文新等人提出的中国学生欺负干预计划。

张文新等人于1999年在山东一所普通小学开展了为期五周的欺负干预实验，这是我国最早的关于学生欺负问题的系统干预研究。在《中小学生的欺负问题与干预》一书中，张文新等人认为行动研究是学校欺负干预的适宜运作模式，主要包括计划、行动、观察、反思四个环节，其中涉及受害者心理辅导的具体措施有：引导受欺负者表达出自己内心压抑的消极情绪，认识到自己被欺负的原因，找到解决欺负问题的对策，树立起应对欺负的信心等。在具体的干预方法和技术上主要有头脑风暴法、质量小组、分忧法、无批评法、角色扮演和自信心训练等。这个计划在个体水平上强调了心理辅导时应把握受害者的个性特征，根据其个性特征采取有针对性的措施。

在防治校园暴力的措施中，我国学者季成叶在2007年对于学校—家庭—社会三级预防的研究中发现，在暴力发生之前、暴力发生时、暴力发生之后的干预措施是不同的，其中涉及受害者心理辅导的部分应该是在暴力发生之后，启动创伤辅导机制，帮助父母理解孩子对所受暴力的反应，消除恐惧；对高危学生进行心理矫治，提供指向性干预；进行社会技能训练，帮助受害者实现社会回归。这些措施能够兼顾学生受害程度和时期以及学生的发展需求等多方面因素，综合地对受害者进行心理辅导，对于消除暴力恐惧情绪、完成适应有一定的指导意义。

综述国内外对于校园暴力的干预研究，大多数学者强调学校、社会为主的责任模式：在学校层面，注重整体的预防和干预计划，强调预警制度的建立、安全教育等；在社会层面，注重改善社会环境，建立良好氛围等。当然，针对受害者的及时有效的心理辅导，也是其中的重要内容。

（二）学校角度的心理辅导

从学校角度出发进行的对校园暴力受害者的心理辅导主要包括以下四个方面：一是应急处理，即暴力事件发生后的数小时至数天内进行的一系列应急措施；二是创伤治疗，即对筛选出的有严重创伤反应的学生进行创伤治疗，这主要由学校专职的心理辅导教师进行；三是建立阳光教育机制，即对受害者进行长期的涉及其恢复和发展的教育，如情绪处理、认知调整、品格教育、自信心训练、人际技能训练等；四是对受害者进行定期心理评估，包括心理恢复状况的评估和是否会再次经历暴力或引发暴力的风险评估。

1. 应急处理

严重的校园暴力事件发生后，学校方面除了在应急措施上进行对暴力事件的处理、报告、联系、信息发布等外，还应该重视及时的应急的心理干预。一般的暴力事件需要从班级水平进行应急处理，如班主任的及时调解。一方面，在暴力事件处理筹备工作完成后，学校应尽快通知全校所有学生关于此次严重暴力事件的事实原因，如属于班级范围内的应急处理，由班主任负责告知本班学生，并注意宣布信息时的方式和情绪表达，表现出对受害者的支持和关心，疏导安抚大部分学生的情绪。另一方面，引导学生表达出自己对暴力事件的想法和看法，接受学生表达出的情绪，不作任何评价。

班主任可以在暴力事件发生后的第一时间内主持关于危机干预的主题班会，其流程可以依照第一章里所谈到的紧急事件应激晤谈来进行。

第一，导入。班主任应向学生介绍此次主题班会的目的，强调不是正式的心理辅导，而是一种能够帮助大家减轻创伤事件所致的应激反应的服务。

第二，进行事实的叙述。班主任先介绍暴力事件的具体情况，以及自己在这件事情发生后的感受与感想，然后邀请每位参与学生从自己的观感出发，描述事件发生时的所见所闻和所作所为，目的是帮助学生先从自身的角度来描述事实，而每个人都有机会补充关于事实的细节，最终使整个事件得以重现，有助于每个人全面了解事情发生的真相。班主任要打消参与学生的顾虑，强调哪位学生如果不愿意讲话，也可以保持沉默。选择沉默也适用于其他阶段。

第三，进入体验感受期。班主任鼓励每个参与学生依次描述其对事件的感受，揭示自己对有关事件的最初和最痛苦的想法，让情绪宣泄并表达出来，同时询问这些感受对他们的社会功能和人际关系有什么样的影响等。此阶段需要特别注意一些情绪反应比较强烈的学生。

第四，讲述与解释。班主任邀请学生从心理、生理、认知和行为各方面，以时间顺序回顾性描述和确定自己在事件中的痛苦感受和体验，尤其注意引导其对事件的认知和态度。同时，班主任可对学生的各种反应进行合理的解释，强调学生出现的各种情绪困扰和行为紊乱及可能出现的认知偏差，并告诉学生这些都属于正常的应激反应，目的是帮助当事人识别和分享自己的应激反应，开始将情感领域导向认知领域，以便对事件产生更深刻的认识。

第五，进行辅导或干预。班主任向参与学生介绍正常的应激反应模式，强调人的适应潜能，讨论积极的适应和应对方式。班主任要帮助学生认识到，其经历的应激反应是面对非正常情况下的正常和可理解的行为，本质上不是医学问题，也不意味着有精神病理学的意义，从而减轻其心理压力。鼓励学生坚强起来，并努力调动学生利用现有的社会资源和自己的潜能参与心理重建，同时教授和提供必要的应激管理技巧和积极应对技巧。辅导中，班主任可以设计一些情境呈现、角色扮演、情感宣泄、认知反省及行为探索的游戏活动，来引导学生合理宣泄情绪、进行同伴的相互支持、讨论有效的应对策略、树立我能应对的信心等。第二章里谈到的安全岛技术也可以在此阶段使用。

第六，恢复促进期。班主任应总结此次活动所涵盖的主题并回答相关内容，制订应对策略和行动计划；强调同学之间的相互支持，鼓励使用先前紧急状况下使用过的成功解决问题的策略，以适宜的方式释放痛苦情感，避免由各种情绪混杂而产生的强迫思考。对一些情绪反应比较强烈的同学，班主任需要进一步随访，必要时可转介到专业机构作进一步的治疗。

2. 创伤治疗

这里的创伤治疗主要是针对校园暴力事件中反应比较严重的受害者或目睹者，他们可能表现出明显的情绪和行为上的失调，甚至出现创伤后应激障碍的症状，因此，针对这些个体需要进行进一步的关于问题严重性的评估。

学者 Weaver 曾总结出创伤后值得关注的失常表现：

① 焦虑及绝望的感觉延长；

② 生活习惯改变；

③ 人格改变；

④ 退缩；

⑤ 对他人过分猜疑；

⑥ 相信他人都在议论、笑话或试图控制自己；

⑦ 听到或看到东西（幻听或幻视）；

⑧ 无名火或想要报复的心；

⑨ 夸大的恐惧；

⑩ 极度依赖；

⑪ 强迫症；

⑫ 有伤害自己或他人的想法等。

如果在创伤事件发生 3 个月后，仍然出现以下症状：以噩梦形式反复出现暴力事件的画面，在目睹类似情境的时候产生精神痛苦；回避参与相关的校园活动，不愿意与他人交往；对他人的偶然行为表现出极大的警觉，害怕再次受伤害。这时需要考虑诊断为创伤后应激障碍（PTSD）。

创伤后应激障碍的确诊需要具备以下五项标准：

第一，个体必须经历创伤事件，这种创伤事件应该是紧急的或威胁生命的，或对自己及他人有身体健康的危险。对创伤的反应是内心紧张、无助、惊恐等，最终结果是出现了创伤事件之前没有的长期的焦虑与激动情绪。

第二，在创伤事件之后至少出现下列情况之一：

① 反复出现侵入性痛苦回忆；

② 反复做类似事件的噩梦；

③ 闪现各种幻觉或使人脱离现实的幻想，好像事件再次发生；

④ 类似于创伤事件某些方面的内源性或外源性暗示导致强烈的精神痛苦；

⑤ 暴露于类似的创伤事件时出现明显的生理反应，如心悸、发抖等。

第三，长期回避以下刺激中的至少三项：

① 回避与创伤事件有关的想法、对话、情感；

② 尽力回避参加有可能引起创伤记忆的活动，回避有可能引起创伤的人及情感；

③ 不能回忆起创伤事件的重要方面；

④ 对有意义的活动没有兴趣；

⑤ 感到孤独，同他人格格不入，难以沟通和交流；

⑥ 抑郁和麻木的感情；

⑦ 幻想有一段没有职业、家庭、子女和正常生活周期的未来。

第四，长期处于神经系统的高度警觉状态，而这种情况在创伤事件之前是没有的，至少有下述表现中的两项：

① 入睡困难；

② 情绪烦躁；

③ 注意力不集中；

④ 因真实的或想象出来的威胁，经常处于高度戒备状态；

⑤ 对小的或没有威胁的刺激表现出夸张的反应。

第五，这些症状导致明显的临床痛苦或在社会、职业以及其他生活领域的功能受损。

对于儿童而言，创伤后应激障碍的表现可能与成人有一些差异，突出表现为：具体化重复感知的记忆，行为刻板，仅见于创伤后的恐惧和对他人、人生及自己未来的态度发生变化。

国内外学者对于创伤治疗的研究很多，总结了很多适宜的方法和技术，包括认知行为疗法、心理动力学疗法以及目前比较流行的眼动脱敏再加工疗法等。因为在本书第二章已经对眼动脱敏再加工疗法进行了详细介绍，这里就不作赘述。

在对暴力事件受害者的创伤辅导中，要针对其恢复的阶段来采取相应的治疗方式。一般而言，把 PTSD 的恢复阶段分为五个阶段：一是紧急或呐喊期；二是情感麻木与否定期；三是重复侵入期；四是反应转折期；五是整合期。每个阶段都有重要的任务。

（1）紧急或呐喊期，最主要的任务是使受害者稳定下来，减轻创伤带来的焦虑和身体反应。可以使用冥想、放松或生物反馈等方法。例如，让受害者放松，然后给予指导语："想象你正躺在海滩上，那里有温暖的沙滩，轻柔的海风徐徐拂过，清凉的海水'哗哗'地拍打海岸声。把你的注意力集中到这个画面上。现在注意你的身体变化，注意当你紧张和放松时肌肉感觉上的差别。现在从你的腿开始，紧张起来，感受肌肉绷紧的感觉，然后放松，感受紧张的消退，注意你在肌肉松弛时的差别和愉快感觉。在紧张和放松之间交替，当你激动时想象这幅海滨景象。注意，在此期间，你是怎样改变身体的感觉和思想集中的事物的。"通过深度的放松甚至催眠，还可使受害者在想象中返回创伤事件，这是把创伤事件的恶性回忆和相应的侵入性想象提高到意识觉醒的程度所必需的过程。

（2）情感麻木与否定期，主要涉及关于创伤事件的意识以及受害者否认背后的事实和情感。治疗者要通过温柔但强制的方式，引导受害者在治疗的此时此刻，重新感受创伤事件中所有可能的细节，这样隐藏于背后的感觉就可以被释放直至根本消除。在深度放松时，要求受害者重新感受创伤事件的痛苦情景，通过某种指令中断他们的回忆，然后再让受害者回到海滨轻松愉快的想象中。例如，"我看见那个攻击我的人了，我看见他向我冲来，他挥起了他的拳头，我感到了一阵剧烈的疼痛，我以为我要死了，我极端恐惧"；在受害者出现明显的情绪反应之后，再暗示“好啦，别去想它了，让我们回到海滨，放松，想想清凉的海水、温暖的沙滩和轻柔的微风，让你的肌肉放松”。

（3）重复侵入期，此时最重要的是消除痛苦回忆。最有效的方法是宣泄和冲击疗法。在这个方法中，引起恐惧的因素不时袭来。其基本原理是如果受害者在一两个小时内反复多次经历可激发焦虑反应的刺激之后，他会发现并不是那么害怕，这种反复的结果使得引起焦虑反应的刺激得到化解，即没有得到强化的重复反应会使这种反应逐渐减弱。当受害者回忆创伤时，治疗者要不时地补充他们所遗漏的部分，并挖掘所有被埋藏于记忆深处的刺激性内容，这样可以使受害者记忆中可能激化的有害成分不复存在。

（4）反应转折期，此时使用思考停止法，这是个简单而有效的方法。它使受害者在治疗者的帮助下，将软弱无力的、侵入性的回忆变成自信和自强的心理。开始时，治疗者设定场景，建立想象空间，直至受害者的恐惧达到最大限度，然后喊：“停!”使受害者恢复到积极的自强自信状态中。治疗者要告诉受害者，当侵入性情景到最恐惧的时候，治疗者会“呼”地一声将书摔到桌面上，喊道“停！返回到海滨”。受害者在整个过程中是被动的，治疗者设置和控制场景，这一过程还可制作成录音带，当作家庭作业留给受害者，无论何时，只要侵入性想象出现，就可以通过听录音来进行这一过程。

（5）整合期，可以通过格式塔技术来进行整合，将其回归到正常的作用。其方法是引导受害者想象：“你面前的空椅子可以代表不同的人，也包括攻击你的人。那一天，你被他打倒了，也许你现在还怕他。但我要你告诉他，你很愤怒，你不能容忍他这样的不良行为。你对他说：‘你这样的行为是可耻的，如果你再出现攻击我的行为，我绝不饶你。’”“空椅子可以代表你可以依赖的朋友，你对他说：‘我需要你的支持，如果有人再欺负我，请帮助我。”“空椅子也可以代表你自己，一个勇敢面对挫败和创伤的自己，你对他说：‘请坚强，你一定能战胜自己的惧怕，你不是孤立的一个人，你身边有朋友、有老师、有父母，他们都能帮助你。’”

当然，创伤治疗有时需要比较长的时间。除了个别治疗外，还可以通过团体辅导的形式来进行干预。同样，在团体辅导中，重点要处理情绪，给予接纳和宣泄的机会，并提供团体的心理支持；同时，学习探寻解决问题的方法和思路，学习有效应对。

3. 阳光教育机制

在暴力事件发生后，特别是恶性暴力事件发生后的数月乃至数年的时期内，学校的心理健康教育机构需要联合班主任在日常学习生活中多关注受害者的言行，观察和了解他们平时的行为表现和情绪状态，鼓励并给他们提供机会参与一些力所能及的活动，对取得的成绩适时予以表扬，引导同伴友好相处，并及时提供一些心理发展训练课程或活动，如自信心训练、社会技能培养、情绪调节等，建立对校园暴力受害者的长效辅导机制，帮助其恢复并发展到心理健康的更高水平。

建立阳光教育机制的思想主要就是关注受害者的长期发展而不仅仅是创伤阶段的治疗，根据对学生全面评估的结果，建立个性教育发展计划是对受害者实施阳光教育的重要方法。前人的不少实践证明了该计划的有效性。Fox，Elliot & Christeson（2003）提出的“联系家庭成员和教师共同兴趣计划”是早期的个性教育计划，它主要是针对1～5年级的学生实施的，有效减少了校园中学生的攻击行为，其中1～4年级的学生注意力不集中、易冲动、好动等情况明显减轻。美国Wellesley学院妇女研究中心的Lisa Sjostrum和Nan Stein（1996）发起的针对4～5年级学生的“防止欺侮课程计划”（the Bully-proof Curriculum）包括阅读、写作训练、角色扮演和组织班级讨论等11门课程。这些个性发展计划是学校实施长效心理健康教育的重要措施，对校园暴力受害学生的发展具有重要的实践意义。

本书中对于校园暴力受害者实施阳光教育，建立校园心理健康长效机制的几点思考如下：

一是品格教育。教授学生关爱他人尊重自己，包容不同的价值观和态度，建立品格发展的道德基础，可以为学生提供充实自己生活的机会，这些机会能让学生不断理性地调整自己的行为和认知，减轻校园暴力的负面影响。从这个角度出发，品格教育是学校心理健康长效机制中不可缺少的一部分。一方面它具有预防作用，有效的品格教育可以降低有暴力倾向的学生发生暴力行为的可能性；另一方面，它也有治疗作用，对校园暴力事件受害者的心理发展有推动作用，可帮助其完成各方面的适应。

关于品格教育的具体内容，前人的研究中也有不少的阐述。1987年，《青少年思考哲学》（PYT）课程认为应该教导基本的道德观，如诚实、正直、责任、荣誉、勇气、友善等。Leon Botstein认为学校品格教育计划就是向孩子展示未来，希望他们把事情做得更好。对于校园暴力这种特殊的校园事件发生后的长效辅导，完整的品格教育计划应该包括建立支持性的校园环境，让受害学生能够被关注、被支持，能够表达和分享自己的感受和情感，能够有机会与其他学生一起正常地合作交流，不被特殊化；在日常教育中，贯穿尊重、信任、诚实、责任、承诺、公平、包容等特质的培养，完善受害者行为的道德基础，包括对自己及对他人的行为；帮助学生培养面对问题、解决问题的能力，设计一些能够促进学生创造性思维和情感以及道德感知力的活动，提供开放的环境提高受害者的自尊水平，敢于接受咨询与辅导。

二是心理技能训练。加强心理技能训练主要是调整受害者对暴力的认知，增强其心理承受能力。这个工作主要由学校的心理健康教育中心完成，包括给学生提供校园暴力方面的知识，开展心理健康咨询；加强人际交流训练，让学生学会正常而有效的沟通和交流方式；加强自信心训练，增强学生的自尊和自信水平；教给学生处理暴力事件的有效途径和手段；教育学生要善于合作与互助，并在学校和家长的引导下，建立互助、友爱的学生团体。

三是情绪疏导与调节。要及时关注和了解受害学生的心理状况，有效地采取各种措施，尽可能地避免学生出现严重的行为偏差，预防和消除学生以暴制暴的行为倾向。开设情绪调节课程，教给学生一些情绪调节的方法并组织团体辅导，开展情绪训练，帮助受害者稳定情绪，使用合理的方法表达情绪和处理情绪。

【辅导方案】

1. 辅导的切入点

针对受害者的心理状况，可从情绪、认知与人际交往能力等三个方面进行干预。

首先，我们要评估的是个案的情绪状况，对于受害者而言，他们通常处于劣势地位，经常受到欺负和压迫，安全受到威胁，心灵受到伤害，挫折感极强，安全感很低，心里积压了大量不良情绪。辅导初期，在全面搜集资料、了解情况和确定主要问题后，首要的就是让个案的不良情绪及时释放出去，然后学会如何面对自己的情绪并对自己的情绪进行管理。当个案的情绪趋于稳定时，改变才可能发生。

其次，在认知方面，由于个案普遍存在认知偏差，看待事物和对自我的认识都趋于消极负面，常常会错误地解释对方的信息为敌意性的，怀疑自己，否定自己，对外界感到难以应对，容易服从他人。因此，在辅导中，我们要让个案认识到自己在认知上的偏差，分析哪些看法是积极的，哪些是消极的，并了解这些看法对事态的发展和自我评价有怎样的影响。只有在认知上改变个案，才有可能促进个案的真正改变。

最后，在促进个案的认知有所改变后，我们关注的重点应该是个案各种社会技能的培养。当个案在生活中有所获益时，他才会相信自己在辅导中所领悟到的新的积极的认知方式，并进一步地强化它、内化它。咨询中需要启发个案学会客观全面的分析问题，并学会面对问题时如何使用合适的方式去解决。还需要懂得善用自身和外部的资源来积极应对，而不是一味地退缩。自信心的训练也是很重要的，因为个案通常是比较懦弱、自卑和退缩的，自信心的训练有助于个案接纳自己，通过技能的训练和生活的实践使自信得到提高，逐渐建立起对自我的积极评价和认同。

社会技能中重要的就是人际交往能力。个案一般人际交往能力比较低下，缺乏同伴交往的策略和技巧，常常很难得到同伴的认可和接纳，不能为自己建立平等的朋友关系，得不到来自同伴的支持。因此在辅导中，可以利用情景模拟和角色扮演等方式，通过说明、示范、观察、模仿、反馈与强化等社交技巧的训练，帮助个案建立起正向的人际互动关系和朋辈交往网络。

2. 具体的辅导过程

第一周

辅导目标：

（1）了解基本情况，搜集资料。

（2）建立良好的辅导关系。

（3）初步探讨问题及问题的原因。

（4）找寻辅导的重点和目标。

辅导活动：

（1）与个案交谈，建立融洽的辅导关系。

（2）较为全面地搜集资料，比如成长史、家庭情况、社会交往情况以及被欺负史等，并从认知、情感、行为态度上评估个案的心理状态。

（3）探寻个案被攻击的原因，激发个案潜在的能力。

（4）确定主要问题及与个案共同讨论辅导的目标。

第二周

辅导目标：

（1）加深辅导关系。

（2）重点关注个案的负性情绪，给予接纳和引导宣泄。

（3）讨论情绪管理的办法，引导个案去尝试恰当处理情绪。

辅导活动：

（1）让个案谈谈一周来的心理感受及状况，给予充分的同感并肯定其积极和成长的一面。

（2）讨论暴力事件中给当事人带来的负性影响，在引导个案表达内心压抑的负性情绪的同时，分析和发现自己需要改进和提升的地方。

(3) 就“如何应对体验到的情绪”讨论情绪管理问题和学习情绪管理技巧，让个案在遇到类似情境时，能及时应对，避免不良情绪的不断积压，学习对情绪的控制。

第三周

辅导目标：

(1) 了解个案对暴力事件的看法，澄清其中的错误认知。

(2) 进行认知的调整。

辅导活动：

(1) 和个案讨论暴力事件，引导个案表达出自己对暴力事件的看法和想法，澄清和改变对暴力事件的错误认知，在认知上给予积极引导。

(2) 共同讨论和分析被欺负的原因中，哪些是外界的因素，哪些是自身的因素，什么是形成这些自身因素的主要原因，进而从自身的角度找原因，了解一直以来对自我的消极认知，如夸大自身的不足、关注自己的弱点、自我评价较低、怀疑自己的能力以及对外界感到无能为力等，并认识认知因素对自己应对行为的重要影响。

(3) 引导和鼓励积极的认知态度。

第四周

辅导目标：

(1) 让个案认识到自己不当的应对方式，提高应对的有效性，培养积极的应对方式。

(2) 提高个案分析和处理问题的能力及形成有效的对策。

辅导活动：

(1) 被欺负者长期处于劣势地位，使其通常会采取一些消极的应对方式，如顺从和退缩等。在辅导中就“被欺负时该怎么办”进行讨论，回顾上周分析的被欺负的因素，使个案认识到自身应对问题的消极性，共同讨论制定处理暴力事件的途径和手段，找到解决欺负问题的对策，从而较为有效地建立起对被欺负这一事件的积极有效的应对方式。

(2) 从被欺负事件出发扩展到一般问题的分析和解决上，让个案谈他在面临问题时，分析处理问题的一般做法，指出其消极的应对方式，共同讨论什么样的应对方式是比较合适和积极的。适时采用情景模拟和角色扮演的方式，让其体验在其中的感受，并鼓励他在生活中努力地去实践它，从而逐渐形成积极的应对方式和对自我的积极评价。

第五周

辅导目标：

(1) 正确定位自己在人际关系中的角色。

(2) 学会处理人际冲突，提高人际交往能力。

辅导活动：

(1) 就人际交往中的角色定位进行讨论，纠正不恰当的朋友观，在竞争与合作中掌握平衡。

(2) 找出班上几个“最受欢迎的同学”的名字，共同讨论“最受欢迎的同学”的特点，找到他们与自己之间的差异，谈谈人际交往的原则及一般技巧等问题，促进人际交往的敏感性和领悟力。

(3) 通过情景模拟和角色扮演的方式，学习处理冲突的技能技巧，掌握有效的沟通和交流方式，并鼓励当事人努力在生活中实践它，逐渐提高社会交往能力。

第六周

辅导目标：

(1) 进一步讨论人际交往问题，强化人际交往的训练。

(2) 学习在人际交往中寻求他人的认同和支持，建立朋辈支持系统。

辅导活动：

(1) 巩固上周学习的人际交往技巧。

(2) 就“如何在人际交往中寻求他人支持与认同”这一问题进行讨论，学习如何在生活中获得支持和认同，增强其人际交往的信心，并以此建立起自己的朋辈支持网络，增强社会归属感。

第七周

辅导目标：

(1) 纠正消极的自我认识及习得性无助。

(2) 提高自信心。

辅导活动：

(1) 回顾上周讨论的“如何在人际交往中寻求他人支持与认同”和之前的自我消极认识的问题，进一步讨论怎样更好地纠正消极的自我认识，承认自己的不足，肯定自己的优点，以及怎样利用朋辈支持系统，从他人的支持和认同中解除无助感。

(2) 共同讨论提高自信心的方法与途径，增强自尊和自信水平。

第八周

辅导目标：

（1）巩固辅导效果。

（2）结束辅导，对结束辅导后可能遇到的问题提出建议。

辅导活动：

（1）回顾几周来的辅导，肯定个案付出的努力和取得的成绩，让个案看到自己的改变和进步，巩固辅导效果，并总结整个辅导过程。

（2）跟个案讨论结束辅导这个问题，对结束辅导后可能遇到的问题提出建议，并鼓励其在生活中做自己的心理辅导师。

4. 定期心理评估

对受害者进行定期心理评估，包括心理恢复状况的评估，以及是否会再次经历暴力或引发暴力的风险评估。它是对校园暴力事件中受害者未来行为和发展的预测，决定着其是否应该继续接受干预。

心理恢复状况的评估主要是对学生情绪、行为以及人际关系状况的评估，了解学生在接受治疗和发展的干预条件下心理各维度的恢复状况，并针对状况安排下一步的干预计划。评估主要采取问卷与访谈相结合的方式，通过症状自评、教师观察和专业访谈等多途径将搜集到的结果整理并总结出受害者的心理变化历程，着重关注受害者的创伤恢复状况。

从学校角度出发进行的受害者心理评估可能会更关注学生在一段时间内是否会通过其他途径引发新的暴力，这也是对干预方案中情绪疏导和认知调整策略的检验。虽然对于学生的这种评估会比较困难，但是因为暴力行为的发生具有稳定的个性特征，前人对于暴力威胁的临床实践也都显示出对学生进行个案分析能够有效减少学生的破坏性行为，因此，对施暴者进行有针对性的心理评估具有重要的意义。这种危险性评估的主要程序是依据量表和访谈结果了解受害者的心理状态和人格特征，在此基础上搜集来自学校、教师、家长和同学的各项信息，进行案例分析，评估其产生引发暴力的危险等级，最后作出其在人际互动中行为倾向的预测结论。根据此结论和心理恢复状况的评估报告及时调整其干预方案，形成治疗—发展—评估—治疗（发展）—评估的干预流程。

（三）家庭角度的心理辅导

校园暴力大多发生在同龄人之间，学生的交往技能和处理问题的方式和方法大都来自于家庭的经验。从家庭角度开展校园暴力受害者的心理辅导具有重要的实践意义。

从家庭角度出发进行的校园暴力受害者的心理辅导强调的是使用积极的父母策略去影响孩子，突出家庭的支持与合作。具体来说，包括父母对孩子态度和价值取向的理解与恰当引导，即通过榜样示范、角色扮演、移情训练等方式改变孩子对于暴力的认知方式；同时，父母与孩子一起参与心理辅导，鼓励孩子积极思考解决问题的方法与思路，掌握应对暴力的具体策略，提高孩子的自信心和自尊水平。

在校园暴力事件发生，学生遭受身体和心理创伤的情况下，家长在了解情况之后，第一时间表现出的应是关心和理解而不是责备，否则会加重学生的创伤程度，因为很多学生在学校里遭受了同学的欺负或威胁等暴力，回家后不敢告诉父母，害怕被父母责备，一方面强化了暴力的持续性，另一方面也降低了学生的心理抵抗能力，从家庭中得不到支持的学生遭受暴力的可能性更大。

在合作方面，最重要的就是帮助受害者增强力量，恢复自信心。遭受暴力的学生往往缺乏自信心，自尊水平较低，这不仅仅是学校层面的责任，更是家长的责任。在家庭环境中，根据孩子的个性特点、年龄和发展特点以及生活实践进行不同的自信心训练是家庭与孩子合作参与心理辅导的重要方式。一是运用标签作用，肯定和强化孩子的努力过程，对于受害者表现出的利他行为和主动性给予及时的表扬，强调父母的感受，而不是简单的宽泛表扬，不要说“表现不错”“表现很好”等笼统的词句，而应突出当时的心理感受，如“这件事让我觉得很放心”“看到你帮助别人我很开心”等；二是提供给孩子施展才华的机会，善于发现并强化其优势，鼓励孩了参与更多的同伴活动，提供发挥自我优势，增强信心的机会；三是通过创设支持性的家庭环境，建立家长与孩子互助的基础，让孩了把白我发展和白我满足与家庭贡献联系起来。

第五章 学生自杀事件的心理干预

一、自杀概述

自杀，是一种自我毁灭的行为，是个体蓄意中止自己的生命，选择死亡的行为。世界卫生组织预测，到2020年全世界大约有153万人将死于自杀，自杀未遂者大约是这个数的10到20倍。这些数据表明，平均每20秒就有一人自杀，平均每1~2秒，就有一人自杀未遂。在我国，年龄在15~39岁人群的意外死亡中，自杀是第一位的死亡原因。

（一）自杀的特征、预兆及心理过程

1. 自杀的特征

大量资料表明，自杀在地理区域分布和季节时间上有明显的特征。这与各国的地理环境、政治制度、宗教信仰、风俗习惯和伦理道德等的不同相关。一般来说，发达国家的自杀率明显高于发展中国家，欧洲高于美洲和大洋洲，而非洲较低。有的国家，如肯尼亚法律规定自杀是违法行为，故自杀发生率较低。在气候、季节和时间分布上也有规律性，被称为“气候理论”。一般来说，自杀多发生在秋季，可能与秋天万物凋零，使人抑郁有关。自杀多见于星期一，而星期六最少。此外，自杀动机强烈的人一般选择深夜，白天则选择远离人烟的地方，这样自杀容易成功。

同时，在年龄特征上，随着年龄增长自杀率呈上升态势，国外统计表明，以5~15岁自杀率增加得最快。而我国则15岁以后增多，以15~25岁为高峰期。但近年来，自杀年龄有提早的倾向，国内已有5岁孩子自杀的报道。青少年在自杀人群中占有相当重的比例，这与其心理不健全，处于偏激状态，面临考试、升学、就业、社交乃至婚恋等社会实际问题有关。男性多选择暴

烈的方式自杀，成功率较高。女性随着月经周期的变化，在经期前会出现不愉快或烦恼，若受外界不良影响容易导致偏激行为发生。

2. 自杀的预兆

(1) 透露自杀是最常见的自杀预兆。事实上，多数自杀者在自杀前清楚地表达过自己的自杀意图。在现代社会中，常有人用打电话的方式透露自杀，向他人说明自己的自杀意图。有的自杀者向周围人直接透露自杀，有的是通过暗示或开玩笑透露出来的。这些人常说："活着没意思，不如死了好。""你们不管我，你们会后悔的。"对父母透露自杀者常说："你们不该生我，还是死了好。"有的自杀者还在他人面前做出自杀的动作，如将手横在颈脖上抹一下，或用手做出枪击头部的动作。还有的透露自杀的方式比较隐晦，如在日记中写下自杀的念头，往往在自杀者死后清理遗物的时候才能发现。

(2) 写遗书、绝命书是重要的自杀预兆。写遗书者通常表现为个体的自杀意念比较坚决。据调查，青少年自杀时写遗书的较多，占30%。自杀者写的遗书内容多为个人私事或人际关系，青年人写的遗书内容常表示愤怒、复仇、敌意或失望情感等。

(3) 反常表现往往是自杀者重要的自杀预兆，如向亲友诉说遭遇、不能正常工作学习、哭泣烦躁不安、社交活动减少、不吃饭、闭门不出等。其他一些反常表现如精神恍惚、自言自语，有时常不被人重视，结果酿成自杀悲剧。

3. 自杀的心理过程

(1) 自杀萌生。自杀萌生过程是自杀者因各种原因而出现自杀念头。如青年人因婚姻、恋爱、家庭、升学、就业、挫折等，出现消极人生情绪，自认无价值，活着无意义，出现回忆过去、谴责自己的体验，产生心理压力和各种困扰。在心理状态比较脆弱的情况下感到无助、绝望时，试图采取自杀这种唯一的、最后的形式来"保护"自己。在自杀萌生阶段一般不易觉察，自杀者可能表现为情绪低落、抑郁、孤独、沉默寡言等。

(2) 自杀彷徨。萌生自杀意愿后，自杀者往往处于自杀彷徨不安的心理状态中。是去死呢，还是坚强地活下来？这时自杀者会考虑自杀方式、自杀后果、自杀感觉、自杀不成后造成残废的各种可能、自杀后亲人及社会对自己的看法。或者去搜集有关自杀的作品、观看有关这方面内容的影视录像。自杀彷徨有时还表现在自杀行为上，如某自杀者在颈部或腕部出现多条长短不一、深浅不同的锯齿形刀痕，称为"试刀"，这是自杀者选择生与死强烈的反应。

（3）自杀决定。自杀者经过激烈的生与死的抉择斗争后，决定自杀。这时自杀者可能变得比较平静，甚至对家人和亲属朋友特别亲近，因为自杀者已经决定了自杀。与此同时他也积极做好了自杀准备，如把地里的活儿干完、房间打扫干净、穿新衣服换新鞋、写遗书、交待后事、打电话、写信告诉相关人员等。

（4）自杀实施。自杀者经过上述准备后，往往果断、坚决地采取出乎意料的行动，这时自杀的成功率极高。

自杀心理过程的长短，有人统计一日之内自杀者有35.4%，一周之内自杀者有47.9%，历时半年以上自杀者有81.3%。可见，从自杀预警到自杀这段时间内，可以有较多的时间来防止自杀。

（二）自杀的分类

1. 按自杀的结果分类

美国国立精神卫生研究所自杀预防中心在1974年的一次学术会议上将自杀分为三类：自杀意念、自杀未遂和自杀死亡。

（1）自杀意念是指有寻死的愿望，但未采取任何实际行动，当事人有冲动性和很强的逆转性，可以通过有针对性的恰当的开导，使其放弃自杀念头。

（2）自杀未遂指已采取伤害自己的行动，但未导致死亡，当事人面临自杀时充满矛盾斗争，最后因某种原因使自杀活动成为一种仅让他人看得见的企图，而未能自杀成功。

（3）自杀死亡是指既有自杀的欲望和企图，也自杀成功了。自杀死亡可以分为两种情况：一种是死的欲望战胜生的欲望，自杀者毫不犹豫地去自杀；另外一种是生死欲望激烈冲突，完全由于冲动去自杀，本来只想吓唬一下他人，但是由于自杀方式和自杀场地的原因，使自杀成功。假如有人在场，这类自杀完全可以避免。

2. 按自杀的手段分类

按自杀的形式和手段的不同，可以把自杀分为自动自杀和被动自杀。这两者都存在结束生命的意愿，只是前者自杀者采取了主动的行为，而后者包括两种方式：一是不采取或不接受挽救生命的措施，如拒绝治疗、绝食等；二是要求医生帮助自己达到死亡的目的，如安乐死等。

3. 特殊类型的自杀

特殊类型的自杀包括以下四种：集体自杀、殉情自杀、杀人自杀、扩大自杀。

（1）集体自杀，指有某种共同信仰的人集体结束生命。这类情况主要见于东方社会。在西方社会主要是某些受到狂热的宗教信仰支配的团体，可以发生集体自杀。

（2）殉情自杀，指双方感情深厚，因种种原因而不能在一起，便协商一同自杀，这种情况多见于东方。

（3）杀人自杀，指杀人后接着自杀，或者和被杀对象一同毁灭。

（4）扩大自杀，是在自杀前杀死自己的配偶、子女，自杀者认为自己死后，其亲人会由于种种原因受到严重的折磨。多见于抑郁症患者。

（三）影响自杀的因素

1. 恋爱婚姻

社会学家研究发现，未婚、夫妻分居、离婚、丧偶者自杀率较高。美国未婚单身自杀率是已婚者自杀率的两倍。因恋爱婚姻而引起自杀的多与婚前性行为和“试婚”同居有关。据我国有关部门统计，北京、上海、天津等大城市医院资料显示，未婚先孕做人流手术者占 1/3 以上。贵阳医学院附属医院统计 4 年间做人流手术 18 731 例，而其中未婚先孕者 8 785 例，占 46.9%。

2. 家庭氛围

家庭氛围是指每个家庭所持有的气氛和情调。家庭是社会的细胞，在社会生活中起着重要的作用。良好的家庭氛围有益于身心健康，而来自于家庭内部的侵犯行为所致的自杀，实属惊人。

家庭纠纷，常见原因为夫妻争吵、婆媳争执、兄弟姐妹吵架、父子间争吵、老人受虐待、孩子被冷落、家庭成员死亡以及性关系混乱等。国外资料显示，因家庭问题而引起自杀者占自杀总数的一半；国内有资料统计，因家庭纠纷引起自杀者为 40% ~70%。1995 年，陕西省西安市 290 例服毒自杀者中，因家庭不和睦而自杀的占 71%。

家庭暴力是指发生在家庭成员之间的人身伤害行为，一般以丈夫对妻子的伤害最为常见。近年来，家庭暴力有增无减，迫使许多妻子、儿女走上自杀的绝路。

家庭角色混乱。家庭角色是指家庭成员之间的关系，或者说每个人在家庭中所处的地位、作用和相互关系。在有些家庭里，十几二十岁的孩子对父母讲话不是指责就是谩骂，甚至大打出手，而父母则忍气吞声。有的妻子在单位是领导，久而久之形成习惯，回到家里动则就训斥丈夫，使夫妻关系缺乏平等的感情交流。这些现象都是家庭内部角色不清、等级结构混乱、夫妻关系不平等造成交流模式不良，致使家庭防范力量削弱，而且不能阻止或纠正暴力行为，或者使得家庭成员中的暴力行为升级，乃至出现自杀行为。

3. 社会经济环境

社会现象往往与自杀有关。资本主义常常发生经济危机，如20世纪30年代，美国发生经济危机时期，数以千万计的人陷入饥寒交迫的困境，造成许多人自杀，成为美国历史上的自杀高峰期。1973年，维也纳发生经济危机，自杀人数也激增。

经济起飞后的日本伴随而来的是高技术和高情感的失衡，社会疏离感加重，人与人之间变得冷漠、无情，一切向钱看，在这样的社会文化背景下，许多人参与赌博，致使一些人输得精光后只得走上自杀的道路（温志大，1998）。

4. 重大疾病

重大疾病主要包括心理疾病或精神病和躯体疾病。

心理疾病或精神病是自杀常见的原因。据统计，精神疾病的患者中自杀率高达20%，比一般人高3～12倍，精神疾病中的抑郁症、精神分裂症、慢性酒精中毒、药物成瘾以及具有人格障碍的人自杀率较高。

抑郁症是精神疾病中的一种类型，发病率很高且与自杀有密切关系。自杀是某些抑郁症病人的第一个也是最后一个症状。据国外资料报道，自杀者中90%存在心理障碍，其中10%～50%为抑郁症患者。研究表明，抑郁症的发生与脑内单胺介质或受体功能紊乱有关。其特征是：悲观心境，自我感觉非常不好，失眠或早醒，食欲差，缺乏活力，自罪自责，有时有极强烈的自杀倾向。

自杀者的自杀行为通常与躯体疾病有着密切关系，大量研究表明，在控制了其他危险因素的影响之后，躯体疾病，尤其是慢性的或难治的躯体疾病（如癌症）仍然是自杀的重要危险因素。

全世界每年有700万癌症病人被发现，且有500多万人死于癌症，占人类死亡数的5%以上。癌症疼痛发生率达70%以上，每天有400万人遭受疼痛的折磨。我国每年约有100万人死于癌症，死亡率为74/10万。新近资料表明，癌症在我国已上升为死亡序列的第三位。许多患者经不起病痛的折磨，选择自杀来解脱自己，了却一生。国外一宗28 857例的癌症病例调查资料中，有2.18%的患者死于自杀，其中男性患者自杀率为正常人的2.3倍，女性患者为2.9倍。

5. 遗传因素

据国外报道，一名女性狂躁性抑郁症患者，平常发病频繁，但在怀孕期间病情相当稳定，情绪正常。丈夫为使她保持正常稳定的情绪，就让她连续怀孕，先后共生9个子女，结果6个子女到了20岁左右都患了精神病，其中5个同其母亲一样患有狂躁性抑郁症，另一个患有精神分裂症。美国社会心理学家罗伯特等对124名有自杀行为的青少年家庭进行了调查，发现29%的家庭成员有企图自杀的行为。显然，精神疾病与自杀有着重要联系。

海明威家族，称得上是美国的“自杀家族”。1996年7月1日，美国女演员兼模特儿玛尔戈·海明威陈尸于加州圣塔蒙尼加的寓所中，经警方证实后，已排除他杀的可能。41岁而终的玛尔戈是自杀身亡的美国大文豪、1954年诺贝尔文学奖获得者欧内斯特·海明威的长孙女。1976年，20岁的玛尔戈和妹妹玛丽尔一同赴好莱坞发展，共演《唇膏》一片，一时成为影坛佳话。其后玛丽尔扬名，而玛尔戈则星运受挫，加上婚姻失败，在80年代末因酗酒被送到戒酒中心。海明威家族至长孙女玛尔戈自杀后，已有5人自杀身亡。另一位孙女洛丽安说：“包括我自己在内，家族中有75%的成员都有酗酒问题，而且那种独立面对生命和创造激情的痛苦，就如同我们的深色眼珠一样，得自遗传。”

英国科学家声称发现了一种“自杀基因”。布里斯托尔大学的研究者从自杀未遂的病人的血样中，发现病人大脑中的血管紧张素，即5－羟色胺（5－HT）含量不足，因为5－HT与行为有关，若脑内5－HT浓度降低，自制冲动能力下降，容易引起沮丧情绪，表现为抑郁，进而导致自杀行为。因为5－HT中的酶则是由某种基因直接产生的，所以说自杀与遗传可能相关。

6. 教育问题与自杀

随着当代社会物质文明的不断提高，社会竞争日趋激烈。社会的变革给学校增加了压力，而家长望子成龙心切，从而使学生的学业负担过重。如惩罚性作业，罚学生抄写课文，如果某个同学写错一个字，全班同学就被罚抄数十遍。还有的将金钱与分数挂钩，甚至造成悲剧。

7. 模仿自杀

历史上模仿自杀曾形成一股黑色的浪潮，至今在一些国家中仍造成社会的恐惧。1774年，德国文豪歌德在一本举世闻名的《少年维特之烦恼》的小说中，描写了一位青年备受爱情折磨后开枪自杀的情景，当时在德国乃至整个欧洲，由此掀起了一股青年自杀狂潮，令许多父母胆战心惊，以致精神病学家菲利普称之为“维特效应”。1902年，日本第一高等学校高中部的高材生藤村操，留下遗言“不可理解的人生”后，在华严瀑布跳崖自杀。一时间华严瀑布成为青少年自杀的圣地，华严因此而闻名于日本国内。

8. 高层建筑自杀

有资料表明，近年来，随着城市住宅高层建筑群的增加，跳楼自杀者增多。

9. 人际关系与自杀

社会心理学研究证明，人际关系压力大，人际关系不和谐，常使人致病，且与自杀高度相关。国内一项健康调查报告显示，29%的人因此而想过自杀，7.8%的人曾计划过自杀。

据报道，天津市一名17岁高中二年级女学生，父母都是高级知识分子，从小由外婆抚养，深受外婆溺爱。7岁开始上学后才与父母一同居住，从这个时候起，父母一反外婆的教育方式，决定对她严格要求，除功课作业外，对个人生活细节也不放过教育的机会。她从小学到初一便是家里的主要劳动力，按照其母亲的说法是要培养她“全方位”的发展，并时而施以打骂助教。16岁她进入重点高中后，由于功课紧张、竞争激烈，开始出现情绪不稳，常发火，与同学争吵，能言善辩，强词夺理，同学关系开始恶化。回家后以功课忙而拒绝做一切家务，甚至连自己的内衣也不洗，开始与父母顶撞、对抗。虽然有时候两三天不吃饭，但每餐饭量很大，气呼呼地狼吞虎咽。常有意无意地弄伤手指，咬破舌头，企图通过自伤来唤起父母对她的更多关注——一种渴望爱的心理。可惜这些异常现象未被家长、教师和同学所重视。她多次说：“生活没有意思，不如死了！”后来就真的自杀了。

（四）自杀行为理论

1. 社会文化理论

据报道，社会文化背景不同的国家和民族，其自杀率的差别也是很大的。墨西哥的自杀率只有2/10万，美国高其5倍为10/10万，奥地利高其12倍为24/10万，斯堪的那维亚各国高其14倍为28/10万，在柏林墙未推倒前的西柏林，其自杀率最高，为其21倍多，为42.7/10万。造成这种差异的社会文化因素包括不同的生活方式、民族传统、宗教信仰、教育方式以及对待暴力和攻击的态度等。中国人受传统礼教的影响较深，所谓身体发肤，受之父母，不可毁损，这可能是中国曾经自杀率较低的缘故。有人认为西柏林自杀率最高，可能是由于西柏林是一个自由城市，是政治上相对抗的特殊焦点，在意识形态上构成了紧张的关系，成为人们大量的动机冲突和挫折的源泉。此外，西柏林的老年人比例特别高，由于老年人生活上的遭遇，尤其是孤独，很容易造成老年性抑郁症，因而大大地提高了自杀率。墨西哥虽然自杀率低，但杀人率相当高；日本杀人率低但自杀率高。这些差异都可能与社会文化背景的不同有关。

19 世纪，法国一位社会学家 Durkheim 就认为，自杀并不是一种简单的个人行为，而是对正在解体的社会的反应。由于社会的动乱和衰退造成了社会文化的不稳定状态，破坏了对个体来说非常重要的社会支持与交往，因而也就削弱了人们生存的能力、信心和意志，这时往往导致自杀率的明显增高。文革期间，有不少自杀的例子就可以说明这点。一般认为在经济和政治的剧变中，在社会的动乱中，并不是所有因素都会造成自杀，只是当人们在产生社会性的耻辱、失败、遗弃和绝望等情绪体验时才会导致自杀。

有人认为自杀往往发生在自认为境遇不同于他人的人身上。例如，失恋者自杀是他认为他人不会有这样大的痛苦，自己是最不幸的人；孤独者自杀是只看到他人的天伦之乐，而唯独自己孤苦可怜；畏罪者自杀是认为他人都轻松愉快、前途光明，而只有自己才有身陷囹圄之苦；等等。如果一个人与周围人群处境差别较大，他所体验到的耻辱、忧伤和绝望的情绪就会特别强烈，甚至难以忍受，因而容易出现自杀现象。相反，如果大家境遇相同，即使是处在十分艰难的甚至是非人的境况之中，人们也能忍受下来。例如，在世界大战中，尽管炮火连天，社会混乱，妻离子散，但据调查，自杀率并不高。即使是在纳粹集中营里的犯人，他们过着非人的生活，却也很少有人自杀。据认为这可能是因为大家共同处在一个类似的境遇下，可以产生一种同类对比现象，从而互相抵消自杀的冲动。

2. 精神动力学理论

弗洛伊德认为自杀与抑郁症一样，是罪恶感和侵略感转向自身的结果。后来的精神分析学家认为，自杀代表死的愿望战胜了生命的力量，对于正常人来说，这两种天生的驱动力大致维持平衡，而生命力总是占据上风，使生命力得以正常的发展。但当支持生命力量的重要支柱瓦解时，如健康不佳、失去心爱的人等，这种力量会被削弱，被死神所战胜。

另一种精神分析学家的观点认为自杀的人实际上是在谋杀，他们把另一个人（与之有感情纠葛的人，如伴侣或父母）的自我或本体“掺和”进自身，并通过杀死自己来处置这个他所愤恨的人。其他的精神动力学派学者也从精神分析理论中获得启示，强调认为隐藏在自杀背后的情感与侵略相似。自毁的人可被看作是一个表达强烈仇恨的人，企图释放其内在的报复和控制得极深的动机，这种人通过自我毁灭，把仇恨集中于另一个人，伤害和操纵那个人剩余的生命。

斯尼曼（1976）把自杀看成是恳求帮助。自杀者已到了山穷水尽的地步，需要得到他人的支持。大多数自杀者自杀未遂的事实，似乎支持了这一观点，他们尽可能多地表达其绝望，寻求帮助，而不是直截了当地自杀。

贝克（1977）认为失望是多数自杀背后的促成因素，与斯尼曼似乎有异曲同工之意。他用心理测验的方法探索自杀的动机，认为自杀者不仅是抑郁的，更重要的是其期望总是消极的，自杀者系统地曲解其体验，并且只预期着最暗淡、悲观的后果，是失望的态度甚于抑郁，而最终驱使其去试图结束生命。

毫无疑问，攻击或绝望的动机在自杀行为中确实起作用，从死者留下的笔记和与自杀未遂者的交谈来判断，敌意、失望、报复和一些其他类似的情感触发了自杀者的自杀企图。

3. 行为主义学派理论

行为主义学派认为自杀是其对强化的认知转变所致，自杀者在生活中看不到奖励，把死亡看作是强化，认为死亡可引起他人的注意、同情，得到报复的快感及其他想获得的强化，这种预期的强化有助于解释许多自杀者在自杀行动前所表现的镇定和满足。

有些行为主义学者把自杀看作是操作性行为。行为治疗家给患者实施脱敏法，使其以往的恐惧和紧张变得无害，他们严格控制自杀者的环境，从而使自杀者不因威胁性的或潜在的自我毁灭行为而得到强化，只有适应性的反应才得到强化，例如，在医院里自杀者会因其帮助他人而受到奖励，而不奖励他的忧愁和孤独。

（五）自杀的评定和预测

关于对自杀危险性的评定，曾有人试用明尼苏达多相人格测试（MMPI）来辨认自杀行为。也有人用投射测验［包括罗夏墨迹测验（RIM）和主题统觉测验（TAT）］来确定自杀危险的程度。还有人使用艾森克人格问卷（EPQ）、16 人格因素分析，以及泰勒（Taylor）焦虑量表和弗雷伯格的攻击问卷（Aggressive Questionaire）来作自杀行为的预测。上述各种测验对自杀危险性的临床评定有一些用处，但都不能作为一个可靠的评定工具。原因是所有这些测验都不是为了上述目的而编制的。

自杀意念量表（SSI）由 Beck 等编制，用于测量自杀意念的严重程度。它由 19 个项目构成，每个项目以三级记分（0 中等强度，1 弱，2 没有），因此，其理论总分为 0 ~ 38 分，较高总分意味着较严重的自杀意念。量表分成 3

个因子：积极自杀意念（10 项）、消极自杀意念（6 项）、自杀准备（3 项）。SSI 最初主要是临床医生用于临床诊断，为了使 SSI 适合非专业人员使用，Miller 等修订了原始的 SSI，使问卷条目的表述更加简明准确，项目呈现顺序标准化，计分范围扩大，评分标准更加详细具体。修订后的 SSI（SSIM）总共有 18 个项目，其中 13 个项目来自原始的 SSI，5 个为新增加的项目。SSIM 有 3 个因子：自杀意念（9 项）、自杀准备（6 项）、知觉到的自杀能力（3 项）。1999 年，Beck 等发表了对病人一生中最糟糕的时间段内自杀意念的测量分量表（SSIW），SSIW 在预测自杀方面很有优势。研究表明 SSI 和 SSIW 得分较高的患者比低分患者更容易自杀。Katarina 等认为，SSI 量表得分较高是女性而非男性的一个风险因素，说明 SSI 量表鉴别女性的自杀风险较为理想。

中国心理学剖析病例对照研究项目始于 1995 年，由北京回龙观医院北京自杀研究及预防中心与中国疾病控制预防中心疾病监控点网络共同发起。这一研究项目的数据来自中国 6 个地区的 20 个乡村和 3 个城市疾病监控点，其中 3 个疾病监控点在 1995 年 8 月 1 日至 2000 年 8 月 31 日这段时间内，其他 20 个点在 1997 年 1 月 1 日至 2000 年 8 月 31 日这段时间内，每隔 3 个月，向研究人员报告 10 岁以上因自杀或其他伤害致死的人数。被选病例的家庭成员及相关人员分别按顺序接受多项访谈。专业人员在对所有数据进行详细评估后，才得出死亡原因的最终结论。

在对性别、年龄、居住地及研究区域进行校正后，用非条件逻辑回归模型将 882 例自杀死亡与 685 例突然死亡的所有相关变量的数据相比较，得出导致自杀的 9 个重要预测指标。这些预测指标为（按重要性由大到小排列）：死前两周抑郁症状测试分很高，曾经自杀未遂，自杀时有急性应激事件，死前一个月以上的时期内生活质量差，死前两天有严重的人际冲突，严重的慢性刺激，朋友或有关系的人曾有自杀行为，血亲曾有自杀行为，死前一个月以上的时期内社交水平差。超过 4 个指标就有可能实施自杀。这些发现对于在中国预防自杀有着重要意义。

二、自杀事件的预防与干预

（一）自杀的预防

自杀预防级别分为一级预防、二级预防、三级预防。一级预防，主要是预防个体自杀倾向的发展。常用措施：精神疾病患者的治疗、训练通科医生、自杀高危人群的认定与自杀预测、提高心理素质。一级预防是针对问题，而不是针对自杀。二级预防，指对处于自杀边缘的人进行早期干预。常用措施：自杀预防中心、关闭出口（减少自杀工具的近便性和可用性）、加强急诊服务等。三级预防，对曾经自杀未遂者防止其再次出现轻生。常用措施：心理咨询与危机干预、加强治疗、开展对导致自杀的环境因素的研究等。

自杀预防的具体举措有：

1. 正确对待挫折

挫折是指事情进行不顺利，甚至失败。人的需要如生理、心理、物质和精神的满足处于受阻或中断状态，便产生挫折。挫折的后果有利也有弊。有利的一面是使人们的认识有所改变，即增长解决问题的能力，进而以更好的、正确的方法满足其欲望。高尔基说："磨难是人生的一大独特财富。"有弊的一面是，挫折会使人情绪紧张、心神不宁、失望、孤独、焦虑、忧伤、恐惧或烦躁、抑郁，以致表现为病态固执、厌世，从而产生自杀意念。

因此，正确对待挫折对预防自杀有着积极意义。社会心理学家指出，在挫折面前可采取以下方法克服：

（1）以坚强的意志克服困难，使需要得到满足；

（2）暂时回避困难，通过其他方式得到需要与满足；

（3）改变需要目标，采用其他需要代替原来的需要；

（4）减少需要，暂缓或放弃满足；

（5）应用心理技巧如代偿、转移、幽默、升华、宣泄等克服困难，度过危机；

（6）得到支持系统的帮助，尤其是良好的情感支持；

（7）对独生子女进行挫折教育，使其接受生活磨炼，体验社会与人生，证明自身存在的价值。

2. 心理咨询与社区互动

虽然现代人的生活更为方便、舒适，但是心理困境日趋严重，表现为与自杀高度相关的抑郁症明显增多。消除心理困境最好的方法是开展心理咨询和社区互助。临床综合医院应开设心理专家门诊，以及电话、自动语言电话、通信、家访等，为有自杀意念或抑郁症的病人解决心理矛盾，分担忧愁、伤痛和苦恼，鼓励患者充分表达自己的思想和情感，培养自信心和进行正确的自我评价，然后提出适当的建议或解决措施，使患者度过高危过程。开展社区互助，也能缓解人际关系紧张，在一定程度上可消除人们的情绪障碍，减少自杀行为。

3. 普及精神卫生常识

公众应有精神卫生常识，发展社区精神卫生服务以及社区支持系统，以便及时发现病人。综合医院的各科应重视对精神医学的学习，以提高识别和处理水平，并开展精神卫生服务或心理咨询工作。医院不仅要能诊断治疗抑郁症等病症，更重要的是要发现病人的自杀意念。个体如果出现情感障碍如情绪低落、失眠时，应及时找心理医生咨询，及时中止抑郁情绪。

4. 防止药物滥用，加强药物管理及药物市场管理

药瘾如同酒瘾、抑郁症等精神疾病一样，患病率明显上升。不论是正常人还是精神病人，过量服药是自杀行为中一种最常见的方式。目前，不仅会因过量服药造成社会问题，而且正常用药时出现的不良和有害反应也非常突出。为防止过量服药，杜绝或减少自杀行为的发生，一定要加强药品管理及药品市场管理，尤其是国家规定的第二类精神药品的管理。

5. 建立危机卡片

经验证明，建立危机卡片有助于危机干预和预防自杀。高危自杀人群往往想不出除自身之外的其他解决精神情感痛苦的方法，称为“认知缺陷”。针对认知缺陷，专家建议给病人制作保健卡片，卡片上可列出数个方法步骤，嘱咐病人在感到处于自杀危机又不能冷静思考时，可拿出卡片对照操作。卡片内容如下：

（1）写出消极想法，特别是认知曲解的想法；

（2）把曲解的想法读一两遍；

（3）告诉自己，曲解的感觉是这些不正确的想法造成的，并非真实感受；

（4）用客观实际的想法取代消极想法；

（5）告诉自己能战胜痛苦，即便是真正的悲伤也是来自曲解的思维；

（6）对自己的评估要中肯，要看到优点与缺点；

（7）自我尊重，敢于面对现实。

此外，当个体感到烦恼、心情抑郁时，也可按卡片条目操作，消除烦恼，排除危机。法国著名思想家卢梭说过：“我没有见过一个永远幸福的人，却常常见到一些心满意足的人！”此话对有烦恼的人来说，可以起到极大的宽慰作用。

6. 消除自杀认识中存在的误区

由于受多方面因素的影响，社会上对包括自杀在内的心理疾病患者，普遍存在陈旧、错误的观点，甚至歧视他们。至今仍有不少人认为不能普及自杀学方面的知识，也不能与有自杀倾向的人谈论自杀，认为想自杀的人不会向他人说出自己的自杀企图，向他人谈起自杀只不过是想吓唬、威胁他人。

事实上，许多自杀者在失助自怜、无可奈何、心理应激失控、大声呻吟、

号啕大哭表现要求援助的信号时，是企盼他人解救的。在国外，有过自杀行为的人中25%求助过心理医生。美国自杀专家罗丝说："假如某个人不想自杀，那么你这种善意的帮助只会使他感到荣幸。但假如他真的打算自杀，那么你就救了他的命。"随着科学技术日新月异的发展，以及生命科学的兴起，我国正在向自杀行为挑战。有关预防自杀的学术会议近年来已相继召开，对自杀问题已开始了实质性研究，这对普及自杀学知识，预防自杀行为的发生，以及消除自杀行为中存在的误区，必将有着重要意义。

（二）自杀干预

自杀干预是指自杀者在表现出强烈的自杀倾向时，如何及时给予帮助，避免自杀。

1. 预防中心的干预

自杀预防中心通过电话、通信联络、网络、上门家访等方式为有自杀意念者提供心理咨询服务，解决心理冲突，帮助企图自杀者安全度过高危阶段。

2. 求救信息的干预

自杀者多数希望得到他人的帮助，甚至会不断发出求救信息。例如，向热线打电话或写信，向心理医生咨询，去医院或医药店购买超量药品，过量饮酒或大量吸烟，说想死或者是其他悲观的话，向亲人、朋友诉说心中的烦恼，在日记中写下自杀的念头，向周围人透露自杀，写遗书，学生自杀前一天常逃学，无缘无故向亲友赠送纪念品等。

3. 高危人群的干预

自杀高危人群是指曾有过自杀或企图自杀者，精神抑郁者，生活或环境处于绝望者，疾病和精神极度痛苦者，生活贫困者，丧偶、失恋和离婚者，不善社交与世隔绝者，以及其他有严重问题的人（如有政治、经济问题等）。干预这些人群的环境，以转变其注意力或经过适当的心理、医学及社会治疗，可以预防和减少自杀的发生。

4. 青少年自杀的干预

由于青少年处于心理和生理的发育时期，容易诱发心理危机。主要表现为儿童和青少年的行为问题及青年人的心理问题增多，如离家出走、滥用药物、自伤自残、厌世甚至自杀。发育时期的少年独立意识开始增强，但是对生活缺乏应对经验，如人际关系、文化诱导及物质交流等，应引起家庭、学校和社会的重视，正确处理考试、升学、就业、婚恋、社交等问题，发现有自杀意向，应及时予以疏导，避免悲剧的发生。

（1）学业问题的干预。过重的学业负担，与应试教育不无关系，以致出现“惩罚性作业”“金钱与分数挂钩”等，这不仅摧残学生的身心健康，而且还会造成严重后果。针对这些问题，可以采取以下办法：规定学生的作业量要适宜，避免惩罚性作业，禁止金钱与分数挂钩，衡量学生成绩的各种考核指标不应与教师、学校的奖金挂钩，将应试教育逐步推向素质教育等。

（2）婚恋问题的干预。针对青年人由婚恋问题引发的自杀行为，应采取适当的措施加以干预：加大婚姻、伦理、道德的宣传力度，避免“试婚同居”等行为，加强对青少年的性健康教育等。

（3）性问题的干预。重视对青少年不良性行为的干预，对防止自杀事件的发生有重要意义。可采取以下干预措施：

青春期时，青少年心里荡漾着激情，充满幻想，性欲觉醒，心理躁动，对于青少年来说这是全新的体验，此时应有及时正确的性教育和审美教育，以使少男少女把青春期的躁动升华为学习的动力，成为创造的热情，避免过早的性行为。

早期性教育的最佳人选首先是父母，其次才是学校和社会。

在家庭中，对孩子的性心理要正确引导。一是买几本好的论述青春期心理的书，或是有关生理卫生知识的杂志放在家中，孩子迟早会看。二是引导孩子多看一些内容深刻的，能反映爱情不仅有欢乐，也有艰辛、深沉、挫折的文艺作品。不宜使其过多沉迷于言情、武打、鬼怪或影视之中，懂得现实生活中的情与爱，并非那么纯情、高雅与潇洒。三是有意识地为孩子买些好书，选择好的电视节目，讲述现实生活中的爱情事例，久而久之，孩子自然会懂得人情世故，不致因性爱而误入歧途。

在国外，性教育很普遍，青少年在青少年时期就接受包括性交、避孕等的性知识教育，甚至女孩外出、社交时，母亲都提醒她别忘了带避孕套。美国俄勒冈州有些学校在上婚姻课程时，还要进行“结婚演习”。上课时每位女生从男生中挑选一位“丈夫”，然后每对“夫妻”身穿结婚礼服，在美妙的音乐伴奏下，在教室里演习“结婚仪式”。这时教师给每对“新人”提第一个问题，他们两人中必须有一人找一份工作，以便养活自己，因为美国的风俗是孩子满 18 岁以后，家庭就不再负担他们的生活费用了。为了回答这一问题，学生们争先翻阅报纸杂志上刊登的广告，寻找适合自己的工作。教师提的第二个问题是如何找住房，于是“新人”又查找“房子出租”广告专栏，然后又实地去看房子，教师接下去提的是诸如购物、存钱、处理意外事故等问题，以训练他们对社会的适应能力。甚至对“离婚”问题也要进行必要的

“训练”和“演习”。一旦将来“夫妻”感情破裂离异时，可以运用课堂上所获得的知识，顺利处理有关的婚姻问题。我国上海、北京等地的一些大中学校业已开设性健康课程，为提高青少年对性的认识起到了良好的作用。

5. 模仿自杀的干预

模仿自杀者均是一些涉世未深的青少年，以及一些尚未被人们觉察的轻度抑郁症患者。对这些自杀高危人群若能及时正确干预，可减少自杀行为。

(1) 引导青少年树立正确的生命观和人生观，妥善处理各种挫折和困难，避免出现悲观绝望情绪。

(2) 以良好的心态对待生活中的烦恼、挫折和各种社会现象，排除不良情绪，确保心理平衡和精神健康。

6. 新闻媒体的影响

新闻工作者应当认识到，不适当的报道会感应更多人自杀。自杀从来不是由单一因素或事件造成的，它往往是许多因素互相作用的结果，如精神疾病、药物滥用、家庭紊乱、人际交往矛盾和生活应激等，了解这一点有助于客观的报道。报道必须注意自杀对家庭及其他幸存者的影响，使公众掌握自杀行为的警告征象。传导给公众一些有关的信息，如抑郁常伴发自杀行为，但抑郁是可以治愈的；对幸存者给予同情和支持，告诉他们热线电话以便他们从那里得到帮助，也可促进精神卫生工作者、朋友和家庭介入到自杀危机预防中；可在报刊上登载有用的精神卫生服务和热线服务的最新电话号码和地址，以便随时查用。

7. 自杀自救和自杀他救

自杀自救是基于大多数自杀者都是在神志清醒时自杀而提出来的，所以在自杀救助中有着极其重要的意义。请谨记：自己才是自己的救世主。1976年，威士曼指出以下“威胁生命行为”：自我伤害和药物中毒，冲动、古怪、危险行为，拒绝求医，拒绝帮助，明显的不良生活（暴饮暴食），不遵医嘱，反对治疗。当认识到这些不良行为后，可主动采取行为疗法和认知疗法，达到自救的目的。

自杀他救是自杀救助中的重要手段，主要是指医学救援。根据自杀者不同的自杀方式，进行不同的急救处理。其中强调在自杀现场的抢救措施，以及防止和减少自杀后遗症。因此，要掌握常用的急救方法，如人工呼吸、心肺复苏法等。

三、学校自杀事件的预防及事后干预

（一）学校自杀事件的预防

学校自杀事件的预防的服务对象主要是儿童、少年（中学生）和青年（大学生）。以学校为基础发展自杀预防规划在一些发达国家被证明是可行的。具体做法是组织有关课程，从教育角度提高学生对自杀预防的认识；鼓励寻求帮助行为；帮助学生提高对自杀风险的识别，即识别“警告征象”；转变年轻人对待自杀的态度，即抵制那种默许或不关心的态度。

学校预防规划主要是通过教师和其他学校员工实施的（翟书涛，1997）。教师除了要负责有关预防课程的教学外，还要培养学生有良好的心理素质（良好的认知方式和健全的人格），这是改善心理脆弱性的有效手段。要采取措施，改善青少年常见的情绪问题和行为偏差，如心境不稳定，盛怒或攻击行为，反社会行为，高度冲动性，易激惹等。针对学生的个性和不正当的方式，也需要引导。比如，有的学生思想僵化、处事不灵活，他们在遇到困难时表现为问题解决能力不强，不能把握现实，倾向生活于幻想世界中，具有失望感、焦虑感、自卑和不确定感及矛盾观念等。

在改善心理脆弱性的同时，应发掘和加强学生抵抗自杀的保护因素。这些包括与家庭成员的关系，家庭支持，良好的社会交往技巧，良好的认知方式和人格，社会整合好，与同学、教师关系好，来自相关人士的有力支持等。

有自杀意念的学生应就地在学校进行管理。学校教师应知道如何处理那些有烦恼的和有自杀意念的学生。第一，要加强学校教师和其他员工的精神健康水平，保持他们的身心健康和心理平衡。第二，要加强学生的自尊，自尊是重要的心理品质。正性的自尊可以保护儿童和青少年免遭烦恼和沮丧之苦，使他们能够适当地对付困难和应激性生活情境。培养青少年自尊的方法：①正视过去的生活体验，增强自信；②不应对青少年持久地施压，要他们多做些和做好些，应启发他们的自觉性；③成人仅对孩子说爱是不够的，要让他们感到被爱，从而树立起信心；④青少年感到被接受或被爱抚是不够的，他们必须感受到自己是存在的。第三，促进青少年的情绪表达，鼓励他们信任周围的人。第四，要创造一个平和的环境，避免在学校出现恃强凌弱和暴力行为。第五，提供服务系统的有关情报，有关公用的电话号码如危机热线、精神病急诊等，以便及时与他们联系，进而为同学提供服务。

到目前为止，仅有几项研究表明，自杀的预防和干预项目可以对自杀行为产生影响，其中最为有效且有科学记载的研究之一为一项历时 5 年的关于学生自杀行为的研究。在美国佛罗里达州迈阿密的戴德郡公立学校中展开了一项自杀预防和干预项目，该研究即以此项目为背景展开。在这项著名的、策划周密的项目中，通过使用干预宣传，自杀率显著下降。在斯德哥尔摩学校中开展的自杀预防和干预项目也取得了卓越的成效，自杀情况大为缓解（李鸣，2003）。

①兹尼雅和拉扎鲁斯追踪记录了在戴德郡公立学校中展开的那项历时数年的综合的区域自杀预防和学校危机管理项目。该项目拥有三种不同的教学策略——事先预防型、危机干预型和事后干预型，分别针对该州的小学、初中和高中总共 33 万名学生。针对最年幼的学生，教学旨在帮助学生发展自知能力和沟通技巧，学习决策的制定以及积极的冲突解决的多种方法。他们还学习如何规避对酒精和药物的滥用，如何发展人际关系以及知觉应急处理和抵御团体压力的多重方式。

对于年龄较大的学生，教学的深度将有所加深。他们将学习包括冲突的解决、决策的制定，以及应激处理等方面的内容。学生还将有机会学习有关心理防御机制的知识，学习如何制定积极的决策，并了解影响个体心理健康的种种因素。同时，他们还将学习求助的技巧，并获得有关求助源的资料。

该教育项目的执行人员均受过专业训练，是从学校的师资和精神健康专职人员中精选出来的。戴德郡的公立学校系统下的所有学生都接受了该课程的培训。而且，每个学校里都成立了一支危机处理团队。团队由 8 ~ 10 名专业人员组成，其中包括社工、心理学家、校内社工、教师等。团队成员的甄选指标包括职业类别、技能及对有关问题的兴趣。同时，项目组还制订了一套计划，使得每支学校团队都能定期接受一轮提升式的培训，以便改善项目的执行程序，学习新的知识和研究数据的搜集。研究数据的搜集是日后对项目结果进行评估的前提和基础。

所有的学生家长都被告知了该计划，并被允许参加有关课程的培训。学校的行政人员负责听取信息反馈，并给予这些全校施行的政策及正式化的培训项目以支持。当地政府及其他机构也纷纷被告知。精心的准备使得项目执行人员能够进行迅速有效的干预和事后干预来帮助易感的儿童和青少年，因为每个人都清楚地知道自己该做什么。

②在佛罗里达州，自杀预防和干预项目的执行者决定在 10 年级（15 岁左右）的必修课程中教授有关青少年自杀的知识以及应对压力和解决冲突的策略。该课程历时一个学期。

在少数几所斯德哥尔摩的学校中，自杀的预防项目最初是在高中一年级和二年级学生（16～17岁）中施行，后又改换成在小学八年级和九年级的学生（14～15岁）中施行。在斯德哥尔摩施行的项目与佛罗里达州所施行的生命管理技巧项目在内容上颇为相似，只是施行的时间更为短暂。学校管理层及所有校内的员工都经历过心理健康和心理病态的话题，以及自杀预防等方面的讨论与培训。项目仅在实验班中施行，并将实施结果与对照班进行比较。学生家长和当地的健康保健权威机构均被告知了该项目的实施。

斯德哥尔摩所施行的项目主要是以讲座的形式进行。讲座内容可归结为以下十大主题：情绪对应激的影响，认同的发展，心理危机，在学校期间的压力，欺凌，青年阶段的抑郁，自杀意念、自杀意图和自杀行为，整合的健康概念（医学、心理学和社会学），教室中的心理社会环境，如何通过音乐、艺术和诗歌等方式来表现自己。

心理剧和角色扮演是对简短的理论课的充实和完善。通过演出心理剧，进行角色扮演，学生们可将其所面临的各种冲突见诸行动，并认同相应的解决方案。项目是由一位学校护士和社会工作者负责实施的，同时还得到了来自健康保健专职人员和教师等的多方面支持。

项目实施结果的评估指标包括：与同辈人及成人的沟通技巧，单位人口中意图自杀的人口数。评估结果如下：与同辈人及成人的沟通技巧明显得以改善，能够讨论隐秘的话题；普遍认同“为一位被压力所困的朋友寻求专业帮助并不是背叛”的观点。隐秘对于青年人来说，非常难以处理，它常常可以解释为什么绝大多数学生即使知晓如何为其受压力所困的朋友提供帮助的正确途径，却不愿将之付诸实施的原因。

而且课程还教导学生们，不要独立应对难题，而应该主动寻求专业人士的帮助。其主要目的在于学生们不再因受心理压力和精神障碍而感到羞愧和耻辱，不再将之等同于躯体疾病。为了激发学生们的求助行为，项目执行人员还向学生们分发了列有所在社区的可求助源，以及如何求助于传统病例转诊系统方法等资料的宣传单。

上述两项研究表明，预防和干预项目可以有效地降低自杀率水平。通过识别某些指征，采取心理教育和认知的方法可以改变个体的行为：年轻人在面对困难时，会倾向于选择外界的帮助或其他的方法。

（二）对自杀事件相关人员的危机干预

师生经历自杀事件后，可能会产生以下结果：①恢复到事发前的状况，也就是度过危机回到生活常轨上。②有时危机也是转机的开始，即在这个自我伤害事件中有所学习、体会和成长，由此出现一个新的局面，这也是危机干预的最高境界。③经历校园自杀事件后，让自己陷入恐惧、退缩、崩解中，而无法走出这个阴霾，受困其中。有人会选择自我伤害、逃避，甚至因此而精神崩溃、瓦解等。

1. 自杀危机干预的原则

自杀危机处置的原则有：

(1) 掌握时限即刻介入；

(2) 帮助校园师生适应现状，并协助校园生活回到常轨；

(3) 把重点放在现在的问题上，不去追溯原因，或怪罪他人；

(4) 先解决最重要的问题；

(5) 提供、教导师生应对问题的能力；

(6) 迅速、简短地搜集相关危机的信息，并以实际行动予以介入。

2. 具体办法

台湾学者赖念华总结了台湾的经验，我们可以借鉴：

(1) 学校行政单位，各处室均须参加危机处理小组会议，拟订事后干预行动计划。

校长：应召开校内危机处理小组会议，研讨处置事宜。

教务处：宜处理社会团体介入事宜、维持校务正常运作、掌握高危险群教师并给予支援等。于事发后迅速召开教师会议公告事件，建立处理共识，并建立数据文件，掌握师生事后反应、生活作息动态及安全问题，适当调整校内气氛，转移注意力，并联络家长告知学校之关心及可能协助的事宜。

总务处：评估校园是否有安全疏忽，加以改善，对现场事件处理情形详细报告，配合处理丧葬事宜，调整事发现场环境，去除大家的心理阴影。

辅导室：

第一，成立特别辅导中心，提供相关信息。评估高危险群学生，进行合理的处置并与班级讨论。

第二，帮助班级讨论。澄清事实，减少谣言，回答问题。稳定班级情绪，提供哀伤辅导及应对压力的方式。

第三，帮助“支持性团体”的进行。对与逝世者较亲近的教师或学生进行支持性辅导与哀伤辅导。

第四，对个案周围的人、事、物进行辅导。学校辅导单位印发传单、海报，邀请需要帮助的师生到辅导室洽谈，并于传单中简述疏解哀伤的可行方法。

（2）教师方面，事后干预阶段与校园危机小组密切合作。用开放的态度面对问题，和学生一起经历、成长。

事后处置的目标及目的：

①帮助抒解悲伤的情绪，缓和哀悼的心结；

②经由讨论自伤行为的传染与模仿作用，阻止再发生类似的不幸事件。

正确的认知及态度：

①对“自我伤害（自杀）”与“死亡”有正确的概念辨别，并帮助学生理清错误的想法；

②对事后处治的处理对象与工作目的有正确的认识；

③过滤出哪些人是受事件影响最深的“高危人群”；

④了解高危人群的“高危时间”；

⑤熟悉校内危机小组的运作情形；

⑥掌握校外及小区辅导机构与医疗资源的正确信息；

⑦能够适时与学生讨论、沟通、分享；

⑧保持高度敏感度；

⑨带领班级或小团体进行讨论及辅导。

（3）具体做法。

①对于周遭的同学，加强个别学生及团体的情绪辅导；

②针对家长，协助办理后事，并给予适度的情绪支持；

③针对整个校园，以公开信的方式澄清自杀的真相，并提供正确的自杀预防观念。

（4）邀请媒体共同参与自杀的防治工作。

①自杀只是死亡成因之一，不值得新闻报道；

②报道时要指出自杀常是不同类型心理疾患的合并症，而这些疾患是可以治疗的；

③不要把自杀报道成合理的问题解决方法，不要把自杀报道浪漫化，不要把自杀事件过度报道，而加深读者或观众对自杀的认同，要多表达对自杀者及对悲伤亲友的关怀；

④避免报道自杀方法与地点的细节；

⑤限制自杀报道的数量、时间，不要在头版、头条进行新闻报道；

⑥报道自杀时，要同时报道想自杀者可求助之资源。

3. 关键策略

校园自杀事件发生后，可从团体辅导、参与告别仪式、高危险师生群的处置三方面来着手进行，其工作要点如下：

(1) 团体辅导。

由于自杀事件会对师生产生冲击，因此建议事件发生后的1～7天（理想时间在72小时内）进行及时的团体辅导和必要的个别辅导。团体辅导的时间一般为1.5～3小时，对象是有关的同学与教师。

下面我们来举例说明：

广东省某中学发生了一起因为手机被盗而引发的学生自杀事件。事件发生后，笔者被邀请到该校，和该校的心理教师一起紧急进行心理危机干预。首先，我们确定需要心理干预的对象：目睹现场者——同层楼两个班的女生；与自杀事件有密切关联的人——三位搜手机的学生；其他有关人员——自杀者的同班同学、抬尸体的两位男生、班主任；另外，全校师生也需要给予辅导。

随后，我们开展了几项心理辅导工作：针对全校师生，进行了一个简短的心理辅导讲座；针对同层楼的女生和同班同学，分别进行了团体辅导，班主任教师也参与其中；针对与自杀事件有密切关联的三位女生，进行了个别辅导；对抬尸体的两位男生也作了简短的疏导。

针对全校师生的讲座，主要包括以下内容。第一，向师生说明事实：一个女生于昨天中午跳楼自杀了。强调：不管她因何种原因自杀，一个生命坠落了，都是值得惋惜和哀悼的，并请大家为逝者默哀3分钟。第二，向师生解释：当我们得知这消息时，我们会感到震惊、困惑、不解和茫然，有的同学还会感到害怕，甚至想回家去。这些反应都是正常的，是面对突发事件的应激反应。随着时间的过去，我们会恢复正常。第三，也请同学们思考：我们生命的意义究竟是什么？当我们遇到各种压力、不如意、挫败和打击时，我们该怎样去应对？是积极勇敢地应对，还是逃避、退缩甚至是走极端？自杀似乎是个人的解脱，但结果是导致所有亲人的痛苦及整个家庭的悲剧。请大家想想：父母把我们带到这个世界上来，容易吗？他们为我们付出了多少？生命不值得我们去珍视吗？强调：我们需要对自己的生命负责，需要对父母和整个家庭负责。第四，请全体同学一起宣誓：我们要爱惜生命、珍视生命！我们要勇于面对压力和挫折！我们要树立信心和勇气！我们要努力创造美好的明天！

针对同层楼的女生，因为她们目睹了自杀现场，所以恐惧情绪很明显，因此，团体辅导时着重处理她们的负性情绪。第一，向她们说明意图：把大家聚集在一起，是给大家进行心理辅导。因为大家都看到了现场，可能会害怕、恐惧、不安、无助，我们需要把这些情绪疏导出来。第二，请每个同学谈谈：她们当时看见了什么、当时的情绪怎样？现在还有怎样的感受？当同学在谈论时，心理教师都会走过去，陪在她的身边。如果她很伤心，心理教师就俯身过去给予拥抱。整个阶段都鼓励同学们说出她们的感受，并相互抚慰和支持。第三，向同学们解释：遭遇这样的严重事件，我们会害怕、恐惧，我们出现的各种负性情绪，都是正常的，是面对突发事件的急性应激反应。随着时间的推移，我们的各种负性情绪都会慢慢消失。第四，给每个同学一张纸，请她们写下自己的感受以及对这件事情的感想。写完之后，请同学轮流把自己的感受和感想说一说，最后我们统一把它收起来，并告知学生我们将把它烧掉。第五，请同学们一起，唱一首阳光灿烂的歌曲。

对死者的同班同学进行的团体辅导，我们增加了哀悼仪式这一个环节。第一，也是向他们说明意图，强调目的是帮助大家更好地应对这次危机事件。第二，请每个同学谈谈当他们得知这一事件时的感受和情绪。在这一过程中，同样需要对一些情绪反应激烈，比如比较悲伤或害怕的同学，给予拥抱和抚慰。第三，强调和解释：大家的各种情绪反应都是正常的，是正常的应激反应。第四，给每个同学一张纸，请他们写出自己对自杀事件的感想，并请他们思考生命的意义究竟是什么。然后请大家把自己的感想轮流说一说。第五，再给同学们一张纸，请他们给死者写一封信，把自己想对死者说的话都写在上面。第六，让同学把写好的信按照自己的心愿折叠成不同的样式，并统一放到一个铁箱里。在祝福死者一路走好的音乐中，大家默哀，并把信件慢慢烧毁。第七，班主任、心理教师和同学们一起，大家相互围起来，互相鼓励，共同宣誓：我们要爱惜生命、珍视生命！我们要勇于面对压力和挫折！我们要树立信心和勇气！我们要努力创造美好的明天！

针对与自杀事件有密切关联的三位女生，给她们进行个别辅导时，重点是处理她们的内疚情绪。因为她们认为：如果不去宿舍搜手机，就不会导致自杀事件的发生。因此，咨询时，首先是接纳她们的各种负性情绪，并对她们的内疚给予充分的同感。在此过程中，拥抱和抚慰是必不可少的。待她们的情绪得到比较充分的宣泄后，再把咨询引向认知的领域。随后的几周，心理教师对上述群体和班级个别同学都有跟进。尤其是对三位与自杀事件关系密切的女生，都有定期的辅导。两周后，学生基本恢复了正常。

（2）参与自杀身亡者的告别仪式。

参与告别仪式，是一种真实面对死亡的具体仪式，但仍需征得死者家属的同意并由同学们的个人意愿来决定，其简约步骤如下：

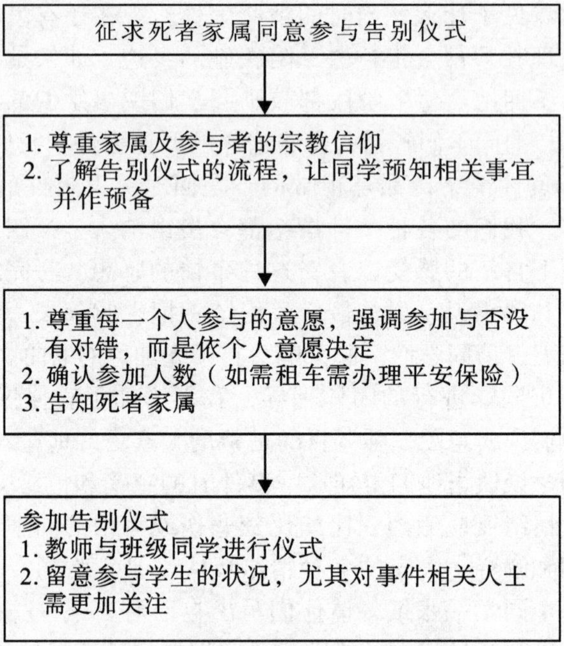

图 5－1　参与自杀身亡者的告别仪式

（3）高危险群师生的处置与辅导。

在校园自杀事件发生后，过往伤痛经验可能会被引发，因此，教师可以通过“急性压力障碍筛选问卷”和“创伤后压力疾患筛选问卷”对师生加以辨识与筛选，必要时需即刻作转介，以避免意外再次发生。

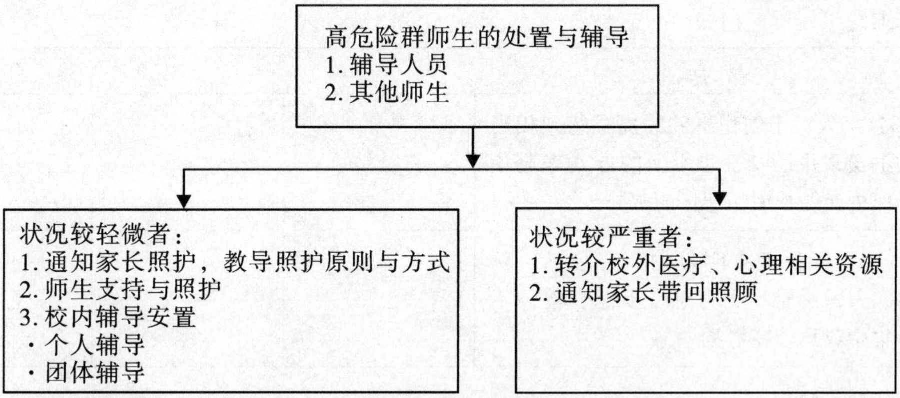

图5－2　高危险群师生的处置与辅导

附录问卷：

急性压力障碍筛选问卷

此份问卷为：□评量学生 □评量当事人家属 □评量教师

□其他＿＿＿＿＿＿

姓名：	年龄：	教育程度：	档案编号：
居住地：	家庭成员人数：　存　殁		
指导语： 假如你怀疑在你周围的人可能遭受急性压力反应障碍的困扰时，请仔细地询问自己以下问题：			

	是	否
1. 这个人是否经历过或看到令人相当害怕或恐怖的创伤事件	□	□
2. 在创伤事件期间或创伤事件过后，这个人是否曾有情绪麻木的表现或缺乏任何情绪的反应	□	□
3. 这个人是否看起来精神恍惚或对周遭环境毫无觉察	□	□
4. 这个人对于他自己或环境的描述是否有所不同，是否有所改变，是否不切实际或是谈论如梦境般的内容	□	□
5. 这个人是否无法回忆起创伤事件发生时的重要细节	□	□
6. 这个人是否一再地经历创伤历程，出现反复的创伤景象、不合理思考、噩梦或错觉	□	□

（续上表）

			是　否
7. 这个人对于创伤事件的提醒感到相当的不安，并且以答非所问的方式来避免任何可能触及创伤记忆的威胁			□　□
8. 这个人是否有明显的焦虑症状，例如，入睡困难、无力感、易怒、精神不易集中或是较高警觉			□　□
附记： 假如这些问题，你的回答为“是”愈多，当事人有急性压力障碍症的可能性愈高。你必须尽可能快地将这个人带至有受过专业训练的精神科医师或心理医师那里，以寻求进一步的协助。请记住！早期治疗，可以预防日后所衍生的长期心理问题。			

创伤后压力疾患筛选问卷

此份问卷为：□评量学生 □评量当事人家属 □评量教师 □自我评量 □其他________

姓名：	年龄：	教育程度：	档案编号：
居住地：　家庭成员人数：　存　殁			
指导语： 假如你（或周围的亲友）已经经历或看到令人相当恐惧与不安的创伤事件时，创伤后压力疾患可能已经成为你或他们的问题，假如你有此怀疑时，请仔细地询问自己以下问题：			

	是　否
A. 群	
1. 你是否一再地经历此伤痛事件，例如，一再地出现创伤情景、哀伤的梦境	□　□
2. 你是否有与创伤事件有关的任何事情，例如，象征、相似处等，一再被提醒而感到相当困扰	□　□
3. 你是否试着逃避或谈论与创伤事件有关的事情	□　□
4. 你是否逃避任何会提醒你与创伤事件有关的活动、场所或人群	□　□

（续上表）

	是　否
5. 你是否无法回忆起创伤事件发生时的重要细节	□　□
B. 群	
6. 你是否失去或降低以往在生活中经常参与活动的兴趣	□　□
7. 你是否觉得与他人已分离或疏远	□　□
8. 你是否觉得无法表达特定的情绪，如悲悯之心或爱的感受	□　□
9. 你是否觉得你已无法过一个正常的生活，拥有美满的婚姻、小孩或事业	□　□
C. 群	
10. 你是否无法好好入睡，较易激怒，无法集中精神或神经质	□　□
D. 群	
11. 你的症状是否已经持续超过 1 个月	□　□
12. 这些事件是否造成你很大的烦恼或者干扰到你的工作、读书、与他人互动或是参加过去经常参与活动的兴趣	□　□
附记： 假如你在上述各组群中，至少有一题回答为“是”者，则创伤事件后所造成的影响可能已经围绕在你（或亲友）的周围。最好的解决方法是找受过专业训练的精神科医师或心理医师，以协助你渡过难关，切勿等到更多的症状出现或以自我伤害的方式（如酗酒、嗑药等）来处理自己所面临的压力！	

第六章 学生意外伤害的心理干预

【案例1】王某和陆某是某中学一年级同班同学。一天放学前，王某从自己座位走上讲台拿作业本。在经过坐在前排的陆某身边时陆某伸了个懒腰，手中的铅笔尖正巧戳进王某的左眼。当时，王某因痛揉了揉眼睛，没在意，回去也没告诉家人。第二天上课时，班主任发现王某频繁揉眼，问了问王某后得知他左眼被戳的事，但也没有采取任何措施。次日晚上，王某父亲在家发现王某左眼红肿、流泪，一问才知道真相，随即带儿子到医院进行治疗。经手术治疗后，王某双眼又并发交感性眼炎，视力急剧下降。医院鉴定王某的左眼视力为0.06，右眼视力为0.2，且无法再进行矫正。最后，王某左眼角膜裂伤，外伤性白内障，双眼交感性眼炎，已达六级伤残，且随时可能发作，最终可能导致双目失明。

【案例2】刘某是某县城关小学三年级的学生，平时在校就餐、住校就读。为了解决学生就餐时的喝水问题，该小学规定，各班的学生轮流值日，以两人为单位用铁桶为所在班级抬开水。2004年8月22日中午，刘某与另外一名同学在抬水回来的途中，不慎被绊倒，刘某前胸及右上臂皮肤被烫伤。后经法医鉴定，刘某的伤情已构成第十级伤残。

【案例3】某中学初中二年级一学生因迷恋上网已逃学两天。班主任唐老师了解了实情后，利用自己上语文课的时间，罚其站在讲台边。但该生站在那里并不老实，故意伸出舌头，左右摇晃脑袋，逗得下面的同学忍不住笑出声来。唐老师见状很是气愤，上前推了他一把，导致其摔倒在地，右手腕关节处的手骨移位，因此不得不休学一年。

看了上面的案例，相信每位教育工作者都会感到触目惊心。的确，近几年来，校园里诸如此类的意外伤害事件频频发生，也越来越多地引起人们的关注。从媒体上报道的大量由于学校设施不完善、学校场地安保措施不当、教师体罚、学生安全意识不强等导致学生遭受不同程度的意外伤害事件，我们可以看出：校园里的意外伤害事件已经普遍的、不同程度的存在于各类学校中，并呈逐年上升的趋势。各国各界的研究均表明，意外伤害会对学生的身心健康造成不同程度的损害。因此，研究这些意外伤害对学生心理的影响，制订相应的心理辅导方案，是促进学生心理和人格健康成长的一项重要课题。

一、意外伤害的界定

（一）有关定义

1. 前人对“意外伤害”的定义

1979年，赵秀雄、叶金川两位学者通过研究，归纳总结出了关于“意外伤害”的三个基本特性，它们分别是：①事故伤害率是所有疾病中最高的；②事故伤害导致死亡者多为幼儿、学童以及青壮年；③事故伤害的发生大多是可以避免的。

国外学者Strasser在1981年的时候指出，意外伤害是指那些未经过计划的行为或者事件，它会导致人们的伤害或死亡以及财产的损失。相比于赵秀雄和叶金川的定义，Strasser不仅探讨了“意外”的含义，也对意外伤害的结果作出了一些说明。

国内学者林顶在1985年将意外伤害归纳为：一种意料之外的、未经事先安排的、未经计划的行动或伤害。从字面上看，我们可以发现，这一定义更着重在“意外”之上，而对“伤害”及其结果则未作详细说明。

1989年，Waller对“意外伤害”这一专有名词作了修改，改称其为“非故意性伤害事件”，并对它作出了如下定义：事故皆是在短时间内发生的，多数甚至可能在几分钟或几秒钟内发生，伤害的结果无法预见和料想，而且这一过程还伴有能量的转移，其中包括动能、热能、化学能、辐射能等。在Waller的定义中，他不仅认为事故的发生不可预料，其结果也有其无法预测性。

除了一些学者和专家的定义之外，一些组织也提出了自身的见解。例如，世界卫生组织（WHO）认为，凡是未经过事先安排的、突发性的事件对人体所造成的可辨别的伤害都可以称为意外伤害（1991）。与此同时，美国国家安全委员会和美国疾病防治中心也都分别给出了自己的定义。美国国家安全委员会（NSC）对意外伤害所下的定义是：意外伤害是一连串通常会导致非预期的伤害、死亡或财产损失事件发生的现象（1995）。而美国疾病防治中心（CDC）则指出，意外伤害常常肇因于人们先前所采取的行为或事件，并伴随人们的意图而发生（1999）。

2. 本书对“意外伤害”的理解

意外伤害，顾名思义，指的就是由意外而导致的各种伤害，包括生理上的伤害和心理上的伤害。因此，如果我们想要对“意外伤害”的概念有一个全面而深入的了解，我们就得先来了解一下“意外”的定义。

“意外”，指的是一件在指定的时间和指定的地点内不经常发生的事件。这起事件对该事件中的主角而言是没有预计过的，而且该事件会对主角及其周围的人造成某种结果，而这个结果在多数情况下而言都是一个负面的后果。例如，在进行校园文艺演出的时候，演出台的突然坍塌，就可以称之为“意外”。因为这是无法预计的，而且通常都会造成不同程度的人员伤亡。除此之外，“意外”在很大程度上来说，都是由外在的原因所引发的，因此，对事件的主角来说，“意外”是难以预计和避免的。

了解了什么是“意外”，我们再来看看“意外伤害”的相关概念。“意外伤害”是一个常见于保险学的专有名词。按照保险业内的常见定义，意外伤害是指外来的、突发的、非本意的、非疾病的使身体受到伤害的客观事件。由上述定义我们可以看到，意外伤害主要包括两个要素，分别是意外和伤害。“意外”我们在上面已经介绍过了，此处从略。

所谓“伤害”，指的是个体的身体遭受外来事故的侵害，是人体的完整性遭到破坏或器官组织生理机能遭受损害的事实。但就目前的状况来看，伤害若是仅指个体生理上遭受损害，显然是不全面的。在精神医学上，有一类精神疾病称为“应激相关障碍”，主要包括急性应激障碍、创伤后应激障碍以及适应障碍。这是一组由于心理社会因素引起心理异常反应而导致的精神障碍。因此，从心理学的角度上我们认为，意外造成的伤害不仅仅存在于生理上，也存在于心理方面；甚至在很多时候，心理上的伤害严重程度远远超过了生理伤害，成为危害学生身心健康的更具威胁力的杀手。

根据上述对文献的探讨，以及对“意外”和“伤害”的解释和分析，我们最终将“意外伤害”定义为：未经计划和安排、在指定的时间和地点不会经常发生的、多由外界因素影响而产生的一些行为或者事件。它通常会对事件主角及其周围人产生负性后果，导致个体和/或群体在生理上和/或心理上经受伤害，甚至有可能对个体和/或群体造成毁灭性的打击。

3. “校园意外伤害”的定义

对于如何界定“校园意外伤害”，各家也有各家的定义。下面逐一罗列出国内外各学者对于校园意外伤害事故的观点和看法。虽然从字面上看，各位研究者所使用的名词有所不同，但其所叙述的定义都是“校园意外伤害”。

Boyce（1984）所使用的名词是“school-related injuries”，对其定义为：在校园中发生的伤害事件。从中我们可以看出，Boyce只是叙述了伤害发生的地点，即“校园”，但对“意外”并无强调。因此，我们认为这个定义是不完整的。

教育部1995年制定并颁布了《校园事件通报管理系统实施要点》，其中附件一《校园事件分类纲要》指出，学生意外事件是指：学生所发生的意外与突发事件，包括车祸、溺水、中毒事件、运动及游戏伤害、自杀自伤事件、校园建筑设施伤害等。这可以看作是广义上对于“校园意外伤害”的定义。这个定义给出了意外伤害的大致内容，但对“意外”和“伤害”的定义就显得有些粗糙了。

邢泰钊（1998）使用“学校事故”来命名校园意外伤害事故。他给出的定义是：学校事故可以分为教育活动事故、学校设施事故以及学生事故。教育活动事故指的是教师实施教育活动的时候发生的事故，包括社团活动、庆典运动会所发生的事故；学校设施事故指的是学校设施因为设置或管理有缺失而导致的事故；学生事故是指学生之间单纯地因为其他学生的侵害所发生的事故。该学者对意外伤害进行了分类，具有一定的系统性。

国外学者Laflamme（1998）使用“school injuries”来陈述自己的观点。他的定义外延很广，涵盖了游戏、运动、交通事故、实习实验、暴力和自杀等各种意外事件。虽然Laflamme和Boyce用来定义“校园意外伤害”的名词是差不多的，但相较而言，Laflamme的定义比Boyce涵盖的内容更丰富一些。

张玉慧直接称校园意外伤害为“校园事故”。她认为，校园事故含义极广，除了教育活动事故、学校设施事故以及学生事故这三方面之外，还包括辅导、管教不当以及外力入侵校园事故。这一定义对邢泰钊的定义作了一些补充。

何文达（2002）所使用的是“校园意外事件”，将其定义为：因教师过失所导致的教育活动意外事件、学校设施意外事件。对比上述概念，此定义虽然简洁，却略显单薄。

根据对文献的分析，以及对专家学者关于“校园意外伤害”概念的学习，本书将“校园意外伤害”定义为：在学校院落、教学场所、操场以及学校其他各个范围内发生的未经计划和安排、多由外界因素影响而产生的一些行为或者事件。这些事件中不包含人为因素，或虽有人为因素但属非故意；且对当事人造成了程度不同的负性后果。

这一定义主要有两个基本要素：一是伤害是在校园范围内发生的；二是伤害是在人的意料之外发生的，并对人体有一定的伤害。其具体内容主要包括：溺水、（食品）中毒、游戏或运动伤害、实习实验伤害、暴力伤害、社团或庆典活动中的伤害、管教辅导不当造成的伤害、校园设施不当造成的伤害、外力入侵造成的伤害等。其中，“目击自杀”也被我们归为意外伤害事件之中，但本章讨论的“校园意外伤害事件”不包括学生的自杀行为。自杀行为在本书另有章节进行详细叙述。

（二）校园意外伤害的类型

参照上述关于意外伤害的定义以及相关要素，我们可以看出校园意外伤害的范围是极其广泛的。只要是在校园内发生的出乎意料的伤害事件，似乎统统可以归于“校园意外伤害”的范围之内。关于校园意外伤害事故的类型，许多学者或单位分别依照不同的特性，作出了不同的分类，现归纳如下：

1. 杜婴倖（2001）对意外伤害事故的分类

（1）交通意外。

（2）运动伤害。

（3）滑倒/跌倒。

（4）冲撞/被撞。

（5）暴露于有害物质中。

2. 何文达（2002）对意外伤害事故的分类

他认为应该以意外伤害发生的原因来对校园意外伤害的内容进行划分。他给出的分类标准是：

（1）车祸。包括校内或校外教学所发生的事件。

（2）溺水。包括游泳池或坑井的溺水。

（3）中毒事件。包括食物中毒、野外中毒及其他中毒。

（4）运动及游戏伤害。包括运动伤害、游戏伤害、坠楼事件。

（5）实验实习伤害。包括实验室伤害（物理化学实验操作不当），以及实习教室伤害（工厂、家政、厨房等实习场所）。

（6）火灾。电线走火等非人为事件。

（7）学校设施意外事件。包括学校工程施工设施的设置及管理不当所发生的意外。

3. 黄雅文、梁又照（2005）对意外伤害事故的分类

黄雅文、梁又照在2005年进行了青少年游戏活动事故伤害推展模式成效

评估调查，两位学者根据自己的研究，将校园意外伤害按照发生原因分为以下五类：

（1）不当的态度及习惯。如冒险、投机心、和同学打赌等。

（2）不安全的行为。同学间嘻哈推攘，玩刀片、开玩笑等。

（3）不熟练的技术。因不熟练的运动技巧而发生事故。

（4）环境中的不安全因素。如学校设施不安全等。

（5）其他。未能分类，如突然昏厥、心脏病突发、中暑等。

4. 教育部门（2005）对校园事故伤害的分类

（1）校内车祸事件、校外教学活动车祸事件、校外活动车祸事件。

（2）溺水事件、食物中毒、气体中毒、野外活动中毒。

（3）运动游戏伤害、坠楼事件（非自杀）、山难事件。

（4）实验实习伤害、自伤自杀事件、校园工地施工伤人事件。

（5）其他校园意外伤害事件。

5. 本书对校园意外伤害的分类

根据上面对“校园意外伤害”的定义，我们认为校园意外伤害有两个基本要点：一是在校园范围内发生；二是在人意料之外发生的且对个体造成不同程度的负性后果。基于对这一概念的理解，结合我国大陆地区的基本国情，我们现将校园意外伤害事件分为以下八类：

（1）溺水事件。主要是指校园游泳池内溺水，也包括坑、井的溺水事件。

（2）中毒事件。主要指校园内的食物中毒事件。有些科目的实习课程是在野外进行的，学生会出现误食有毒植物的现象，本书暂不将其归为校园意外伤害之列。

（3）实验实习伤害。指的是由于实验器具、药品等的管理不当而造成的伤害，以及实验操作不当所造成的伤害。

（4）同学间发生的意外伤害。包括同学之间的相互推挤、玩弄刀片和剪刀等危险物品、遭受同学的恐吓或威胁、打架斗殴、互开玩笑等。

（5）运动及游戏伤害。包括体育课上由于准备活动不充分、运动方式不正确等而导致的运动伤害，课间自由活动造成的运动或游戏伤害。

（6）校园设施不当造成的伤害。包括由于学校设施老旧、学校设施不合格、学校设施管理不善等而造成的意外伤害。

（7）校园外暴力入侵导致的意外伤害。如社会人员侵入校园伤害事件。

（8）其他种类的校园意外伤害事件。例如，性骚扰或性侵害、由于教师管教不当而造成的意外伤害、突然昏厥、心脏病发、中暑等。

二、意外伤害对个体的心理影响

（一）意外性、突发性对个体的影响

校园意外伤害的受害者包括学生、教师以及其他学校工作人员，首要受害群体是指学生群体。但在目前，对意外伤害的研究绝大多数还是停留在伤害现状、流行病学特征以及病因学等方面，对于意外伤害对受伤受害者的心理冲击的研究还较为罕见。而且目前的研究对象多集中在13岁以下的儿童和幼儿上，关于意外伤害对在校学生、教师以及其他学校工作人员的心理影响的研究，尤其是对初高中学生以及大学生的心理影响的报告并不多见。

此外，当下的一些研究也还是多从"意外伤害"的主要特性——"意外性"作为切入点来探讨意外伤害对个体心理的影响。"意外性"指的是在指定的时间和地点内不经常发生的一种性质，也即一种不可预见性和不可避免性。

综合上述两点原因，我们先来看一下更广范围内的相关资料和成果。

袁春媛等人在2005年1月至10月期间，对96例意外伤害的患者进行了调查，撰写了《意外伤害后患者心理反应及其影响因素调查》一文。经研究，他们指出，意外伤害后的心理反应主要有以下三点：①恐惧心理。面对突如其来的刺激、陌生的医院环境和医护人员忙碌的身影，患者会感到无助和不安，易产生恐惧心理。②急躁心理。由于事发突然，面对伤害造成的疼痛、出血、功能障碍等，患者和家属都会产生急躁心理。这种心理在严重复合外伤有生命危险的患者以及做各种化验检查、拍片的过程中尤为明显。自费医疗且有经济困难的患者由于医疗费用不能及时到位，从而影响了住院和手术治疗，在此状态下引起医患关系紧张而易造成急躁不安的心理。③紧张、害怕心理。中青年患者突然遭受意外伤害，特别是严重的复合外伤，情绪上极不稳定，表现为焦虑、慌乱甚至恐惧害怕。担心手术有风险，害怕手术过程中带来的疼痛和不适及因外伤引起的后遗症，影响以后的工作和生活及社会地位而产生失落、紧张、害怕的心理。

韩庆辉对102例严重意外伤害并清醒患者进行了心理分析，认为这些患者可能存在以下心理压力：①意外伤害患者均为突然受伤，由于伤情比较严重，患者均容易产生高度的精神紧张，对及时而正确的救助和治疗有着极高的渴求和盼望心理。②意外伤害患者会因为伤势过重而担心治疗过程中的疼痛，他们通常会迫切想要了解自身伤势的轻重，并且担心伤势的预后情况。③个体在受到意外重伤后，会觉得难以接受眼前突然发生的现实，产生否认、

拒绝和排斥的心理，出现情绪大幅波动及言语行为过激，同时还伴有焦虑、恐惧以及不安的负性情绪。由于伤势严重，患者通常缺乏战胜疾病和困难的信心，并担心手术的并发症以及后遗症。④已经受毁容、截肢、瘫痪等严重伤害的功能障碍患者，其心理会变得异常脆弱，他们通常表现出消极治疗甚至是拒绝治疗，有些极端个体还会出现悲观厌世、消极绝望甚至自伤自杀的心理倾向。此外，部分患者由于意识到自己已遭毁容、身体残疾或失去正常功能，害怕因此而影响自己的前途、学业或事业。他们担心自己被家庭和社会所抛弃，产生烦躁不安甚至轻生的念头。⑤有些患者会觉得自己已经变成一个无用的人，从而产生孤独感和无能感，也可能由此引发抑郁消沉的不良情绪。⑥某些特定类型的意外伤害患者会出现高价赔偿心理或者报复心理，以期达到自己内心的平衡和满足。

武玉莹认为，当发生意外创伤而致机体发生急剧变化时，个体将产生一种紧迫感和危机感，心理、行为也随之发生不同程度的变化。在其研究中，她将遭受意外伤害个体的心理变化分为五个阶段，分别是：①退化性期。由于突发性的意外事故，在毫无预感和准备的前提下遭受打击，面临伤与残、生与死的关头，患者心理会产生恐惧感，呈现出面色苍白、全身发抖、痛苦呻吟、哭闹喊叫、不知所措的心理行为反应。此时个体的心理压力特别大，承受能力特别差，判断力和自我控制能力下降，患者把希望寄托在医护人员的身上，期望能得到及时的抢救和治疗，满足心理所需，解除痛苦。②进攻性期。个体会表现出焦虑不安、心神不宁、暴躁易怒，对家属、肇事的对方、医护人员莫名其妙地发怒，毫无理智地发泄，有时达到难以自控，对治疗和护理不合作，有时甚至攻击自己。由于青年期的去甲肾上腺素分泌高于少年和成年期，血液里的化学成分正是心理行为冲动的因素，故此时期尤以青年居多。③抑郁反应期。患者通过一段时期的治疗，发现意外事故给自己身体带来了不同程度的缺损，影响了正常的工作和学习能力时，患者在悲痛、忧伤、抑郁失望的情绪中难以解脱，造成严重的心理创伤。特别是自己受伤又连累别人时，所承受的压力更大，表现出悔恨交加、自责自罪、沮丧失望，有时还会出现轻生的念头和行为。④依赖反应期。多见于一些因公伤和医疗费报销的患者，安于患者角色的现状，小病大养，对自己的能力表示怀疑，自信心减弱，呈现出患者角色强化的行为表现，多见于原来具有被动和依赖性格的人群。⑤适应期。患者表现出以应付的态度制定解决问题的方法和减少应激的策略行为，情绪逐渐稳定，面对现实，配合医护人员的治疗，达到有利于适应环境的能力和过程。耿文秀在其研究中也提出了与武玉莹类似的意外伤害遭受者心理的发展分期；有一点不同的是，她认为在进攻性期之后，还应该分出一个“休克期”。在“休克期”内，由于周围环境的变化，患者会产生孤独感，呈现表情淡漠、麻木、无主诉、不能更好地领会该事件的分量和创伤的程度。此外，患者的各种心理反应的阈值也有所增加。

费莉萍对老年人群心理症状与意外伤害的关系作了研究。她在其《老年人群心理症状与意外伤害的关系》中指出，受伤害与未受伤害人群的SCL－90因子评分结果显示，受伤害人群的躯体化、强迫、人际关系、抑郁、焦虑、精神病性及总评分高于未受伤害人群。

邓树嵩于2004年作了一个“中学生意外伤害发生和心理健康关系”的研究。他的研究结果显示：中学生的心理健康状态与意外伤害的发生有着密切的关系，两者是相互影响的关系。一方面，不健康的心理状态会增大发生意外伤害的风险。具体而言就是：不健康的心理因素易导致认知上的偏差、情绪的不稳定以及一些过激的行为，从而导致意外伤害的发生水平高于心理健康水平较高的同类群体。另一方面，意外伤害也会对中学生的心理造成一定的影响。例如，在意外受伤以后，受害者担心数额巨大的医疗费用，害怕因为受伤而影响学习，担心父母亲的责怪，担心影响今后的正常功能而产生焦虑和恐惧，等等。研究通过对发生意外伤害与未发生意外伤害的中学生的SCL－90结果的比较发现：发生意外伤害的中学生中，躯体化、强迫、人际关系、抑郁、焦虑、敌对性、恐怖、偏执和精神病性这9项因子得分均高于未发生意外伤害的中学生；其中躯体化、抑郁、敌对性、偏执、精神病性5项因子的差异有显著性。这一结果表明，意外伤害对学生的心理健康的确存在许多不良的影响。它可能会使学生因为一些伤害和疼痛而出现一些躯体化症状；受害者可能因为受伤事件产生低落、抑郁的情绪；受害者可能对使自己受伤的个人或集体产生敌对和仇恨的情绪；等等。

朱翠岚等通过对意外伤害患者的情绪障碍调查，认为意外伤害患者的SAS和SDS均分明显高于非意外伤害患者；抑郁、焦虑情绪发生率均明显高于非意外伤害患者。这与意外伤害事件的突发性和患者思想上无准备有关。突然降临的灾难很容易使患者出现消极、绝望、郁闷、压抑等抑郁情绪及恐惧、悲哀、烦躁、焦虑等心理异常反应。意外伤害发生后很长一段时间患者都可能处于对灾难发生时惨痛场面的回忆中，担心健康受到威胁、肢体功能受损、能力下降和经济负担；担心在家庭、社会中的地位变化，这些都会使患者产生焦虑和抑郁情绪。其中以烧伤患者抑郁得分较高，患者担心出院后受歧视和嘲笑；工作和家庭生活受影响，致使其承受较大的心理压力，出现悲哀、失落、绝望等抑郁情绪。交通事故伤害患者焦虑得分较高，患者担心事故处理结果对自己不利或经济赔偿不公及对事故发生瞬间的惨痛场面回忆而带来的恐惧感是其主要原因。

在对上述结论总结之后，现将意外伤害对受害者的心理影响归纳为以下五大方面。分别是：

1. 心因性躯体症状

当遭受意外伤害后，受害者首先会出现一些生理上的反应和症状。可能的有以下四种：

（1）睡眠障碍。指睡眠不正常以及睡眠中出现异常行为的表现。主要有失眠、睡眠量不足、睡眠质量差、噩梦夜惊等，并会影响受害者白天的社会功能。

【例】某中学一初三学生因学业压力巨大选择跳楼自杀。事发当时，该校初一学生谢某正好路过，亲眼目睹了当时的血腥场面。过后，谢某就出现入睡困难、睡眠质量差、频繁夜惊和做噩梦的睡眠障碍。同时伴有警觉、焦虑等其他的心理症状。

（2）食欲不振。指食欲降低，当出现完全的不思进食时则为厌食。通常，在遭受意外伤害之后，个体的情绪都会出现不同程度的损害。情绪影响生理机能，表现出食欲不振、不思茶饭的症状。

（3）胃肠道问题。指的是表现出不明原因的胃痛、腹痛等症状。在心理学上，通常将胃肠道看作情绪的“发言人”。当个体在意外伤害之后产生不良情绪时，通常会以胃肠道不适的形式表现出来。

【例】小学四年级学生赵某最近总向母亲述说其“肚子痛”。其母带赵某到医院进行各项检查，结果均显示阴性，表明未见器质性病变。后经耐心询问，才得知赵某在学校里遭高年级学生的恐吓和威胁已有两个月之久。

（4）心因性躯体疼痛综合征。指的是无器质性病因或无足够器质性理由可以解释的慢性疼痛。在学生身上的通常表现是，总是述说自己“不舒服，难受”，但是又不能具体说出难受的部位，综合医院各项检查结果均呈阴性。如能耐心询问，一般皆可发现相关诱因。

2. 认知上的影响

（1）低水平自尊。自尊是指通过社会比较而形成的一种良好的心理状态。个体在日常的社会生活中通过与他人比较，产生肯定的自我评价，从而引起自爱、自重、自信以及期望受到他人、集体和社会尊重与爱护的心理，这就是自尊。在心理学上，自尊指的是个体对自我形象的一种主观感觉。高水平的自尊能使个体产生积极的自我认识，帮助个体形成良好的自我形象和积极的心理状态，从而有助于个体积累自信，获得成功。

当遭受意外伤害时，个体会产生自己倒霉、受挫、不如他人、自己运气差等心理，在与他人的比较中处于劣势地位，产生负性和消极的自我评价，使自己的自尊水平降低，从而最终影响自己的心理健康。低自尊在校园意外伤害中是很常见的一种心理表现。

【例】初中生刘某是其所在班级的体育委员，平时身体强健，体育成绩出色，深得体育老师和同学的喜爱。但一次体育课上，在进行“跳山羊”活动时，刘某不慎摔伤右腿，造成严重骨折。此意外伤害之后，刘某不得不在家休养身体。班主任出于管理考虑，改换其他同学担任体育委员。刘某知道后，觉得自己没用，什么也做不好，整天唉声叹气。

(2) 自卑。意外伤害会使个体的外表、肢体等受到不同程度的损害，轻则留下伤疤等，重则导致肢体残疾。这些都容易使人产生自卑心理，影响学生的正常生活、学习和人际交往。与低自尊一样，自卑也是一种经历伤害之后极易出现的心理状态。在火灾、实验室事故、因设施老化而造成的事故等意外伤害事件中，通常都会给受害者的外表、肢体等造成不同程度的损害。学生大都处在青春期（或青春期前期），对自己的容貌、外表等比较在意，外貌、肢体上的疤痕等会对学生的自信心造成较为严重的冲击。此时若不能有效干预，让学生对此有正确认识，则会对学生的自信心造成程度不同的伤害，而且这种伤害多会延至成年，甚至对个体造成终身损害，影响个体一生的发展。

(3) 敏感、多疑。因为受到过伤害，学生对危险和伤害的感受性会降低，变得对周围环境及人群更加敏感、多疑，对周遭事物和人更加谨慎小心。这种心理迁移到生活中，学生会出现更不愿意相信他人、过分小心谨慎、做事畏首畏尾、逃避退缩等消极行为。

【例】吴某是某小学六年级的一名女生，身体发育比较早，因此比别的女孩子更早显示出一些女性第二性征。一次放学后，吴某被班主任留下来为其“复习功课”。等到其他同学都离校以后，吴某遭到了班主任的性侵犯。本次事件之后，吴某立即出现了谨慎小心、逃避上学、不见除父母以外的生人、不出家门的表现，平时也不做其他事情，喜欢躲在房间里拉上窗帘。

(4) 否认现实。根据弗洛伊德关于焦虑的论述，“否认”是机体为了使自己免遭焦虑困扰而产生的一种自我保护的心理防御机制。个体通过否认现实，达到避免心理失衡的状态，从而暂时躲避焦虑，维持原有的心理平衡状态。短期的否认现实有助于自我保护，但是长期的否认现实会使个体沉浸在不真实中，影响生理上的治疗和心理上的康复。

（5）出走意念。有些学生由于遭受较严重的伤害，不想因为自己而使家人、同学或其他相关人员受到牵连和影响，或是想逃避现实的世界，会产生离家出走的意念，以逃避现状、避免牵连其他人。

（6）自杀意念。如果学生遭受的是相当严重的伤害事件，可能会导致个体的心理机能系统瓦解，人格解体。此时，受害者会觉得活着没有什么意思，产生“一死了之”的观念。如果不能及时发现并予以干预，将导致不可估量的后果。

【例】学生陈某在学校的体育设施上进行体育锻炼的时候，由于设施老旧而造成意外伤害事故。在事故中，一截钢管插进陈某的大腿造成严重伤害。后经医院检查，钢管刺伤坐骨神经。陈某今后很可能面临终身残疾的现实。知道这个事实以后，陈某整天郁郁寡欢、意志消沉，不想做任何事情，对治疗报以消极态度，也不想继续治疗。一次晚上趁病房没人，欲用输液用的橡皮软管自缢，幸被值班护士及时发现，才避免了自杀身亡的严重后果。

3. 情绪上的影响

（1）焦虑情绪。在心理学上，焦虑指的是由紧张、焦急、担心等感受交织而成的一种情绪反应，它总是与精神打击以及即将来临的、可能造成的威胁或危险相联系。在主观上，个体会感到紧张、不愉快，甚至痛苦和难以自制，严重者甚至还伴有植物性神经系统功能的变化或失调，出现不同程度的躯体反应。

首先，意外伤害作为伤害的一种，必然会造成生理上的疼痛感，这会使人出现心烦意乱、紧张苦闷的心理状态。其次，意外伤害作为一种心理应激源，其出现必然会打破个体惯常的心理平衡，使个体产生紧张、混乱的心理感受，导致焦虑情绪的产生。可以说，焦虑紧张感是意外伤害中最明显、最常见的一种情绪问题。

对于在校学生而言，焦虑主要有两种：学习焦虑和对人焦虑。学习焦虑是指意外伤害的主要受害群体是学生，他们的主要任务就是学习。意外伤害通常会带来一些问题，如部分功能丧失、缺课、休学等，导致受害个体在学习上出现一些障碍或是困难，跟不上学业的进度，进而影响学生的学习成绩、评优评先、升学求职等。对人焦虑主要是产生于由于意外伤害而影响外貌的那部分学生中。意外导致学生外貌受到不同程度的损害，使个体产生自卑心理，不敢再像以前一样正常地与人交往。

（2）抑郁情绪。抑郁也是意外伤害之后的一种常见情绪反应。抑郁的常见表现一是生理上的，主要是睡眠受影响、食欲不振、体重减轻、精神不佳等。二是以情绪低落为主要特征，表现为闷闷不乐或悲痛欲绝。伤者会因为伤害的严重程度而不同程度地存在着情绪低落、自信心丧失、情绪恶劣、怨天尤人、易激怒等，是一种“损失感”的心理反应。意外伤害对于受害者而言，就像是在突然之间抢走了他们的某些东西一样，会让人产生丧失感，导致抑郁情绪。如果不能有效地疏导这种负性情绪，将很不利于受害者的心理健康。

若是伤害事件非常严重，超过受害者的承受能力，抑郁情绪会更加严重，发展下去，会引发自伤、自杀的严重不良后果。

（3）恐惧、不安全感。意外伤害的特点是它的突发性和不可控制性。这一特点会使受害者在遭受第一次伤害以后，产生恐惧、紧张、害怕的心理。因为不知道什么时候伤害还会再来，不知道伤害会不会超过自己的控制能力。而且通常这种恐惧是宽泛的，没有特定的指向，并伴有焦虑情绪。对于一些受害者而言，恐惧、害怕的心态会进一步让他们觉得缺乏安全感，觉得自己生活的环境和世界是不安全的、不可信的、不可控的，会时时产生可能遭受威胁和伤害的担心。

（4）孤独感。意外伤害总会让人觉得自己与众不同，个体会在心里问自己“为什么就我会这样呢”并可能产生“我跟别人不一样”的心理感受。另外，意外伤害通常伴有一些生理机能上的损坏，这会让学生觉得自己不如他人。这种种感受会使学生有意无意地脱离集体，从而产生孤独、离群的感受。

（5）愤怒感和怨恨感。意外伤害会带来“损失感”，使个体产生“要是……我就不会……”的心理。当受害者最终意识到否认不能解决问题、伤害不可能避免的时候，就有可能将自身积累的能量全部转化成愤怒、怨恨的情绪，并将这种情绪直接指向家人、同学、教师或者是医护人员。倘若这种愤怒不能以正当的方式得以宣泄，会对受害者及其周围人群造成不利影响。

（6）自责、内疚。若是上述心理感受不是指向外部，而是指向个体内部的时候，就会演化成一种自责和内疚的情绪体验。

4. 行为上的影响

当意外伤害对受害者的认知和情绪产生上述各种不良的影响后，可能推动个体产生以下种种行为（或行为倾向）：

（1）攻击性、易激惹性。攻击性是指具有对他人有意挑衅、侵犯或对事物有意损毁、破坏等心理倾向和行为的人格表现缺陷。易激惹性是指各种程度不等的易怒倾向，易出现攻击性行为。

【例】小学生钱某，男生。因为上课做鬼脸被老师打了一巴掌，造成下颌骨脱臼。之后该生对老师产生怨恨和报复心理，并发展到对其他老师和同学都充满敌意。钱某平时表现出攻击、破坏的行为。在学校的时候，经常被同学的一句玩笑话激怒，经常在课堂上公开跟老师顶撞、反抗；课后也经常欺负其他同学，用各种花招吓唬女同学；还有破坏教室设施、教学教具等物件的行为。

（2）报复行为。报复行为是指以攻击的方式对那些曾给自己带来挫折、不愉快的人发泄自己的怨恨、不满的一种行为方式。往往会有不同程度的后果。

（3）沉默寡言。沉默寡言就是指不出声、不说话；或者是很少说话，不愿与他人沟通，不愿表达自己的内心体验和感受，与他人没有或很少有语言和感情上的交流。

（4）逃避、回避行为。逃避行为指的是在不愿意或不敢接触的事物或是伤害自己的人或事已经出现时受害者对其进行的躲避行为。回避行为指的是在不愿意或不敢接触的事物或是伤害自己的人或事有出现的迹象但还未真正出现时受害者的逃避行为。两者意义接近，但回避行为显然比逃避行为更为主动，更有利于个体进行自我保护。

【例】某中学三年级学生杜某在一次化学实验课上，由于实验台架老化，实验中途突然断裂，造成试管里的浓硫酸泼洒。杜某被浓硫酸溅伤，导致其左臂、左腿大面积烧伤。此意外伤害之后，杜某便拒绝上化学实验课。后来杜某发展至出现泛化的回避行为，拒绝进实验楼。

5. 社会性方面的影响

（1）学业影响。意外伤害最可能导致的对学业的影响就是缺课。有文献称，因意外伤害造成的缺课率远远高于因疾病导致的缺课率。缺课会使学生跟不上教学进度，影响学生正常的学习，最终对学业产生不良影响。

对于一些校园意外伤害（如被恐吓、勒索，被性侵犯，被老师暴力、言语伤害，等等），绝大多数学生并不会亲口向家长叙述，而是会埋藏在心里。这时，细心的家长或者教师一般可以通过学生的学习成绩来发现问题。若学生出现跟不上课堂进度、上课不能集中注意力、不能很好地完成家庭作业、成绩下滑等状况的时候，教师或者家长可以通过仔细观察、耐心询问等手段来发现这些表象之下隐藏的问题。

（2）人际关系紧张。由意外伤害带来的种种认知、情绪和行为上的影响，会被受害者带入日常生活中去，从而影响个体的人际关系。这也是意外伤害发生之后，学生容易出现的一种社会性受损方面的表现。

(3) 社会性退缩行为。社会性退缩行为指的是一种多见于低龄人群或性格内向人群的心理障碍现象，其特征为：行为孤立、不合群、态度冷淡、害羞；因为不能向外界表达自己的情感和思想，从而使他人无法与其沟通交流；被他人和社会忽视冷落；社会地位呈现边缘化。

（二）意外伤害对不同级别受害者的心理影响

除了从“意外性”这一角度来探讨意外伤害对受害者的心理影响，我们还可以从受害者的等级来探讨这个问题。文献认为校园意外伤害的受害者可依与伤害的远近关系而分为以下三个层级。第一层级：校园意外伤害事件的初级受害者，也即亲历意外伤害事件的人。第二层级：次级受害者，也即目击了意外伤害事件（目击者）或意外伤害事件中的救助提供者（救助者）。第三层级：三级受害者，即非直接遭受意外伤害事件影响的人。

根据上述分级，我们认为在校园意外伤害事件中，在伤害事件中直接卷入的学生、教师属于初级受害者；该伤害事件的目击者以及为受害者提供救援的相关人员属于次级受害者；伤害事件卷入者的家人、同学、舍友、同事、朋友等，则属于三级受害者。从中我们可以看到，次级和三级受害者是有部分重叠的。我们认为，校园意外伤害由于其发生的地点较为特殊因而具有辐射性，伤害的影响范围不会仅仅局限在初级伤害者身上，而是会产生一种扩散效应，波及与直接受害者相关联的他人身上。以下以一起由于校园设施老旧造成的意外伤害事件为例来说明。

【例】在一次课外活动课上，某高中一年级的一个班级共48名学生在操场上进行课外活动。由于秋千的绳索老化严重，将上面的两个学生甩出去五六米远。其中一个学生当场昏迷，另一个头部大量出血。在场的除了剩余的46名同班同学之外，还有另外一个上体育课的班级和一名体育老师。拨打120后，附近医院派出救护车进行急救。伤者送到医院的时候，其家属也刚好赶到，其中有伤者的父母和祖父母。

根据上面的叙述，在这起意外伤害事件中，我们认为，秋千上的两名同学是本次伤害事件的初级受害者。在场目击事件发生的其他46名同班同学、上体育课的另一个班的同学以及那名体育老师是次级受害者。伤者的父母和祖父母、其他没有亲历现场的同学、伤者的朋友以及舍友等，均列为本次事故的三级受害者。

由于上一部分主要讨论了意外伤害事件对初级受害者的影响，所以此处不作赘述。我们在以下部分主要来看意外伤害对次级、三级受害者的心理影响。首先，我们来看看前人的相关研究成果。张程赪研究了独生子女意外事故对家庭成员的心理影响。在其研究中被试共89人，其中男54人，女35人。全体被试均存在情绪障碍，主要表现为哭泣、不语、不动、紧张或焦虑，以及恐惧、烦恼、无所适从等。有18人表现出激动、大喊大叫、不听劝阻，或发呆、傻笑、自言自语，对外界事物无任何反应的现象。有关亲属认为事件“可怕”，自觉“恐怖”。同时一级亲属多表现出睡眠不好，有8人出现明显精神病状态，5人被诊断为“急性心因反应”，两人被诊断为“抑郁症”，1人被诊断为“精神分裂症”。

从张程赪的研究中我们可以看到，意外伤害的心理影响具有一个很明显的特点——波及性。这一特性提醒我们，除了要关注初级受害者的心理健康之外，次级受害者和三级受害者的心理健康也不容忽视。

三、对受伤、受害者的心理辅导

此处的心理辅导和干预，主要针对的是由于遭受意外伤害事件而出现的心理或行为异常，性格内向、孤僻，缺乏社会支持，产生恐慌、担心、焦虑、困扰的受害者。对受伤、受害者的心理辅导，通常是指对遭受伤害的个体进行的心理辅导和干预。当然，在必要的时候，也可以将这些技术和方法运用于团体辅导中去。心理咨询和心理治疗的基本技术，如倾听、共情、情感反馈、解释等在本书前面章节已有详述，故此不再赘述。下面，将以意外伤害后可能出现的心理影响为依据，具体介绍六种实用的干预方法。

（一）暗示疗法

针对意外受伤当事人可能存在的低自尊、低自信、敏感多疑、否认现实等一些认知上的偏差，可以采用暗示疗法对当事人进行心理上的干预，从而达到纠正认知偏差的目的。

暗示疗法是指利用言语、动作或其他方式，使被治疗者在无意识状态下受到积极暗示的影响，从而不加主观意志地接受心理医生的某种观点、信念、态度或指令，以解除其心理上的压力和负担，纠正或消除其认知上的偏差，从而实现消除身心症状、缓解情绪问题、加强心理抵抗能力的干预目的。

实验证明，人的生理活动和心理活动是相互影响、相互作用的。暗示之所以能对人的生理反应和心理过程产生巨大的影响，是因为暗示是人类固有的一种普遍的心理特性。个体通过言语的联想过程，将暗示转化为情绪状态，并随之产生心理冲动，直接作用于机体的各种生理、心理机能和行为活动，最终发挥其作用。

目前，使用暗示技术主要有两种，一种是直接暗示，是指让求治者静坐在舒适安静的椅子上，施治者以技巧性的语言或表情，给予求治者以诱导和暗示，使求治者接受暗示从而改变原有的病态感觉和不良态度，达到治疗目的。另一种是间接暗示，是指借助于某种刺激或仪器检查的配合，同时以语言来进行强化的治疗方式。很显然，在学校的咨询室中更偏重于直接暗示，而后者在临床医学更为常用些。

【例】贵阳某中学一名女生吴某上课迟到被班主任发现，班主任要求其在午休时间到操场上跑 15 圈。在跑了几圈以后，该女生感觉有点胸闷、憋气，就停了下来没有继续跑完。此事被班主任知道。下午上课的时候，班主任就此事在全班通报批评这名女生，并对她进行了言语辱骂。该女生感觉很气愤，遂拿起书包冲出教室，结果在冲出校门的时候被横向行驶的摩托车撞倒，造成骨折和腹腔出血，所幸无生命危险。

住院期间，该女生便出现了闷闷不乐、独自不语、紧张焦虑、抑郁低落等情绪问题。同时还认为自己是世界上最不幸的人：迟到的同学每天都有，但唯独自己被老师抓到。而且被老师当着全班同学的面辱骂，还因此遭遇了车祸。

辅导方案：

首先，我们需要对该女生目前的情况作一个总体性评估。该女生目前主要的问题有两个：一是存在焦虑、紧张、不安、抑郁等负性情绪；二是该女生由这一事故引发出一个不合理的认知信念，并有泛化到其他层面的趋势。

评估完之后，我们便可针对评估情况来开展相应的心理辅导工作。针对该女生的症状和性格特点，我们可以尝试在心理辅导中使用暗示疗法来调整该女生的不合理认知，并配合使用一些语言技术，帮助其放松身心，调节情绪。此处截取几段对话来向各位读者演示如何在咨询中使用暗示技术。

心理辅导老师：嗯，通过我们刚才的谈话，老师发现你紧张、焦虑和烦躁的情绪比较明显。下面我们就针对你的情绪，来做一个放松练习，你觉得可以吗？

吴某：嗯，好的，我试试吧！

心理辅导老师：很好。现在你先调整到一个让你感觉舒服的姿势，然后请你闭上眼睛，慢慢地调匀自己的呼吸。

吴某（调整姿势，闭上眼睛，调整呼吸）

心理辅导老师：很好。现在，放慢你的呼吸，慢一点，再慢一点。你的呼吸变得很深长，一呼一吸之间，你慢慢吐出自己的紧张感，吐出令人压抑的感觉，慢慢吸进清新的空气，吸进愉悦的心情。

心理辅导老师：你要更慢地呼吸，更深长地呼吸。在这样的过程中，你能感觉到全身从头到脚都得到了最大限度的放松，每一个细胞都抛掉了重负，变得很轻松。

心理辅导老师：慢慢地，你的头脑中浮现出另一个世界，这个世界里的东西不再是你能意识到的那些概念和物件，它是你以前没有达到过、从来没有看见过的一个世界。

心理辅导老师：你觉得有些模糊，因为这是一个你从未探索过的世界，你很好奇，想走近一些。你慢慢地靠近它，看得越来越清楚。

在这一段咨询对话中，心理辅导老师通过言语的引导，让来访者慢慢地进行全身的放松，并暗示来访者在调整呼吸的时候去调整情绪：吐出焦虑和不安，吸进愉悦和轻松。之后，通过“另一个世界”，慢慢将来访者的潜意识调动出来，并逐步引导来访者的潜意识渐渐清晰起来。

心理辅导老师：这时，你走到一面墙壁前面。墙上用大字写着一句话——我是最不幸的人。你慢慢走过去，看着这面墙，看着这句话，你觉得自己很难过。

吴某：嗯……

心理辅导老师：这时，你看见墙根那里立着一把锤子。你拿起锤子狠狠向墙壁扔过去！你一下一下地，终于把墙壁全部推倒了。

吴某：墙倒了……

心理辅导老师：对，墙壁已经倒了，你再也看不到“我是最不幸的人”这句话了。

心理辅导老师：现在，需要你重新造一面墙，并在墙上写上“尽管在我身上发生了不幸的事情，但是我不是最不幸的那个人”这句话。

心理辅导老师：你终于慢慢完成了这个工程。看着重新砌起来的墙壁和重新写的那句话，你感觉比以前轻松、舒服了，心情也好了很多。

在上面那段咨询对话中，心理辅导老师借助具体的形象，慢慢帮助来访者认识到“我是最不幸的人”是一个不合理的、让人不舒服的认知信念。并通过“推倒旧墙壁—建造新墙壁—重新写句子”的步骤，帮助来访者建立起新的，较之前更为合理的信念。

在之后的咨询过程中，心理辅导老师也可以重复此过程，一步步调整来访者的不合理信念，最终达到心理咨询的目的。

（二）音乐疗法

音乐疗法是艺术疗法的一种，众所周知，音乐疗法对于调节情绪有很好的效果。

音乐疗法是指利用经过挑选的音乐来调节人的精神和情绪，促使人达到内心平衡和谐从而治疗疾病的一种心理治疗方法。优雅、动听的旋律通过人的听觉产生心理上的美感，会使人产生安宁、愉悦的心情，有稳定受害者情绪的作用，从而达到内心的平静和安详。

早在19世纪早期，护理之母南丁格尔就已经注意到，音乐具有帮助患者痊愈的神奇功效。人们在一种声级较低的柔和音乐背景下，会感到轻松与愉悦，能放松紧张的心情，舒缓焦虑、抑郁，有助于帮助患者消除各种不良的情绪。有研究表明，音乐是以声波的形式，通过听觉作用于个体的大脑边缘系统和脑干网状结构，调节个体大脑皮质，使个体的内脏活动、情绪以及行为之间达到良好的协调作用。

大量的研究和实践都表明，音乐疗法对躯体化症状、抑郁、焦虑和恐惧情绪都有明显的缓解作用。在遭受意外伤害的学生中间，绝大多数受伤、受害者都存在焦虑紧张、抑郁悲观、不安恐惧的不良情绪，而舒缓平和的音乐能使受害者在享受艺术的同时进入轻松宁静的状态，使意外受伤者精神放松，心情舒缓，并有助于提高受伤、受害者的认知能力，增强战胜疾病的信心，从而消除紧张、焦虑、忧郁、恐惧等不良情绪，达到心理干预的目的。

【例】某中学教学主楼修建时代比较久远，亟待修缮。但由于学校在资金方面的问题一直没有解决，所以陈旧的教学楼也一直在使用中。紧挨着教学主楼的是学校的实验大楼，平时学生上物理、化学实验课等，都是在实验大楼里。一日，该中学初中二年级一女生何某像平时一样，穿过教学楼的走廊前往实验大楼上物理实验课。这时候，教学楼四楼的栏杆突然整块脱落，瞬间砸落下来。生锈的栏杆最后落在离何某不到一米的地方，所幸没有造成躯体上的任何伤害。

但自从事故发生之后，何某便整日提心吊胆、担惊受怕，还出现失眠及回避、退缩、喜欢缩在角落里等行为。即使是同班同学在背后轻轻拍她，也会给她造成很大的惊吓和恐惧。而对于物理、化学实验等课程，更是一概回避，坚决不参加，最终导致学习成绩下降。发展到后来，何某经常无端觉得恐惧不安，不敢做事，即使是以前很喜欢的骑单车也完全放弃了。

辅导方案：

从案例叙述中，我们可以很清楚地看到，女生何某之所以出现目前的情绪和行为的异常，主要原因是那日经受了重大的惊吓，即目击高空坠物，甚至差点砸中自己。

对于何某的各种表现，我们是可以理解的：经受了这样重大的惊吓和刺激，任何人都极可能出现种种不良情绪。分析至此我们可以看出，要解决何某的问题，关键在于心理辅导老师如何帮助她消除紧张、恐惧的情绪困扰。

根据来访者的症状和相关情况，在这一案例中，我们可以尝试使用音乐疗法来帮助何某舒缓紧张、恐惧的情绪。音乐疗法是一种物理性的心理治疗方法，主要环节是让来访者置身于优美悦耳的音乐环境中，通过让来访者倾听良性的音乐，在生理上帮助来访者改善神经系统，增强免疫力；在心理上提高来访者大脑皮层的兴奋性，达到改善情绪、消除心理紧张和恐惧、提高来访者的心理应激能力。

在本案例中，心理辅导老师可以选用一些带有诗情画意、轻松幽雅和抒情性强的古典音乐和轻音乐，通常这样的乐曲可以帮助来访者消除紧张和恐惧的情绪，舒缓焦虑的心情、增强来访者的信心、减少不适感和疼痛感。以下是心理辅导老师与来访者何某的一段对话。

心理辅导老师：那是一件很让人觉得恐惧的事情。

何某：嗯……我觉得害怕极了……

心理辅导老师：老师能理解你的害怕。这样的害怕和担心是正常的，这种事情发生在任何人身上，都会让人觉得害怕的。

何某：那怎么办？我现在每天都会想起那件事情，一想起来就觉得很害怕，觉得做任何事情都是不安全的，总觉得自己会突然死掉。

心理辅导老师：是的，如果我们不去努力消除自己的这种紧张和恐惧的情绪，就容易产生这样的想法，也不能进行正常的生活和学习。

何某：老师，那有没有什么办法可以帮我消除害怕和紧张呢？

心理辅导老师：嗯，心理学里有一种方法是通过音乐来渐渐减轻焦虑和紧张情绪的，我觉得比较适合你这样的情况，你愿意试一试吗？

何某：行。只要有方法能让我摆脱这样的坏情绪，我都愿意试一试。

心理辅导老师：好的，等下老师会给你播放《春江花月夜》这首曲子，你在听的时候可以根据曲子去调整自己的呼吸。

何某：好。

心理辅导老师：在听的过程中，你还可以根据自己的感受，去想象一些让你觉得舒服、放松、安静的场景或者画面，并想象自己就身处其中，尽可能去放松自己。

何某：好的。

得到来访者的确认之后，可以安排来访者前往专门的音乐治疗室进行音乐治疗。若是没有专门的设备，也可以在平时的咨询室中进行，但要尽可能为来访者提供可以完全放松的躺椅或是沙发。

在来访者听音乐的过程中，一般建议心理咨询老师不说过多的话，但可以在适当的时候对来访者进行引导，鼓励来访者放松身心，调整情绪。对于想象能力较弱的来访者，心理咨询老师也可以给予一些言语上的提示和引导，慢慢诱导来访者去感受音乐之美、音乐之纯，并引导来访者关注自身感受和情绪的积极变化。

何某：老师，我现在觉得好多了，心情不再是那种紧绷绷的感觉了，尤其当我想象自己漂浮在蔚蓝的大海上的时候，我觉得好轻松啊！

心理辅导老师：嗯，那一定是一种很惬意的感受。

何某：是啊！那些让我害怕和紧张的情绪好像全部都消失了一样。这些天来，这是我第一次觉得很舒心。

心理辅导老师：嗯，你能有这样的改善，我也替你感到很高兴。你回去以后，还可以找一些让自己觉得舒缓的音乐，来进行自我放松的练习。

何某：嗯！好。

以上咨询对话，就是心理辅导老师针对本案例中来访者的核心症状在使用音乐疗法帮助来访者放松心情、减轻紧张和不安的情绪。通过咨询来访者的反馈，可以看出音乐疗法对于来访者而言还是有一定效果的，因此，心理辅导老师建议其回去以后继续进行自我的练习和强化。

（三）绘画疗法

绘画疗法和音乐疗法一样，也属于艺术疗法的一种。它对化解内心矛盾、平和潜意识冲突、治疗心理创伤有着自己独特的功效。

绘画疗法是指让绘画者利用各种作画工具，采用各种媒介，通过绘画的创作过程，利用非言语工具，将潜意识内压抑的感情与冲突呈现出来，外化潜意识内容，并且在绘画过程中获得抒解与满足，从而达到治疗和干预的良好效果。

在创作构思和完成作品的过程中，受伤、受害者通过选择作画工具、作画材料、作画主题，自由地表达自己的感受，宣泄自己的情绪，并且能在不知不觉的状态下外化自己的无意识内容。由于对绘画的防御心理能力较弱，个体不知不觉中就会把内心深层次的动机、情绪、焦虑、冲突、价值观和愿望等投射在绘画作品中。同时，绘画也可以使早期记忆中被隐藏或被压抑的内容更快地释放出来。并且，随着作画过程的进行，个体的内心开始瓦解过去、修复过去、重建过去。此外，在绘画的过程中，个体可以进一步理清自己的思路，把无形的东西有形化，把抽象的东西具体化，从而认清一些自己未曾认清的东西，对客观事件、主观感受有一个更深入、更充分的理解和认识。

除上述优点之外，绘画还有一个很大的优势，那就是，无论是有语言能力的青少年，还是表达能力尚欠缺的儿童和幼儿，都可在画布上完整生动地呈现自己的心理画卷，并在欣赏自己创作的过程中满足心理需求，求得心理上的完满与平衡。

【例】某市一家大型商场重新装修后即将开业，特意邀请当地领导和社会名流前来参加开业庆典，还邀请附近某小学的鼓号队前来为其助威。

开业庆典定于某月18日上午10时，但商家要求鼓号队在18日上午8时30分在商场门口集合。该小学鼓号队中有一名10岁男生林某，体质较弱，而且这几天一直在发烧吃药。18日早上，林某家长代其向校方请假，但学校说找不到替换的人，要求他继续参加。

当天气温很高，该生穿着厚厚的演出制服在烈日下表演了一上午，突然晕倒。经查为高温所致的急性颅脑出血。经过抢救终于脱离了生命危险，但不得不因此休学一年。

该事件之后，林某出现厌恶学校、不想去学校上课等情绪和行为，还表现出对老师的不满和憎恨，总是在课堂上用语言攻击老师，并且制造各种麻烦挑战老师和学校的权威。而他的学习成绩也随之一落千丈。

辅导方案：

根据案例的叙述，我们可以看出该名学生因为学校强迫其参加表演导致自己出现意外事故而对学校和老师怀恨在心，并由此引发了一些情绪和行为上的问题。对于10岁的小学生而言，他们对于自己的情绪还缺乏良好的内省能力和觉察能力；另外因为言语表达能力的关系，他们也没有完全掌握宣泄和调整不良情绪的方法。加上该学生是一个男孩，在处理情绪方面可能会更加欠缺一些。而情绪的不稳定和压抑，则导致了他相应的行为问题。

综合考虑林某的年龄、性别、存在问题等相关因素，我们可以考虑使用绘画疗法的相关技术，来帮助该男孩释放愤怒、焦虑、恐惧、怨恨等不良情绪，并通过情绪的疏导和平复来慢慢改善他相应的行为问题。以下截取一段心理辅导老师和林某的对话，以演示该技术是如何使用和操作的。

心理辅导老师：上一次我们聊天的时候，我们一起画了画，你觉得怎么样？

林某：我觉得挺好玩的啊！比我想得有意思多了。

心理辅导老师：你能有感觉，让我很开心。那我们今天继续来画画，你觉得好不好呢？

林某：嗯，好啊！还是随便画什么都可以吗？

心理辅导老师：嗯，在前面的几次，老师都是让你随意画的；不过今天，我们的游戏规则要发生一点小小的变化，你觉得可以吗？

林某：好吧！那今天是什么规则？

心理辅导老师：嗯，今天老师要给你一点小小的考验。老师会给你出一个题目，你要根据老师的题目去画画，你觉得可以吗？

林某（点头表示可以接受老师的要求）

心理辅导老师：你愿意配合老师，这样很好。今天我们要画的题目是《愤怒》。

林某：愤怒？这可怎么画呀？我没有画过，不会画。

心理辅导老师：老师知道你只是暂时不会画，这没有关系，老师会给你一些帮助。愤怒就是生气，生很大的气。我们可以先来想象一下，当你因为某件事情而觉得自己很生气的时候，自己心里会是怎样的感觉？这种感觉有没有什么颜色？有没有什么形状？

林某（闭上眼睛思考了一会儿）

林某：哦……老师，我知道了！

心理辅导老师：知道了？那你现在觉得自己可以画了吗？

林某（点头表示会，抓起纸笔开始画起来）

从上面这段咨询对话中可以看出以下四点。首先，心理辅导老师用前面几次的会谈和绘画作为本次会谈的基础，顺利延伸到本次咨询的有主题绘画上来。其次，心理辅导老师通过确定绘画的主题，逐步指向来访者的核心问题（或主要症状）。再次，来访者的情绪等问题是比较抽象的概念。对于这个年龄段的孩子来说，要理解“情绪”的概念是很困难的。于是，心理辅导老师借助实体的形式，通过让来访者把“愤怒”画出来，帮助孩子理解和觉察自己的情绪。最后，画“心情”本身也为来访者提供了一个自我整理、调整、平复、疏导和改善情绪的机会。

林某：老师，我画好了。

心理辅导老师：嗯。那老师还想再问你几个问题，你觉得能回答老师吗？

林某：可以啊！

心理辅导老师：好的。首先老师想问你刚才画画时的想法。你想到了什么吗？是不是想起了某些人？还是想起了某些让你生气的事情？或者是什么让你觉得生气的行为？你想到的，都可以告诉老师。

林某：我觉得学校逼我去敲小鼓，结果让我生病了这件事情让我觉得很生气。

心理辅导老师：哦。你想到了这件令人不愉快的事情。

林某：是！医生说我要停课一年才能继续上学，可是那样的话，我就不能再跟我的好朋友一个班了。他们都比我高一个年级了！我很想跟他们在一起！我不想离开我的好朋友们！

心理辅导老师：是啊，跟好朋友分别真是件让人很不开心的事情。

林某：就是！都怪那些坏老师，我妈妈明明已经替我请假了，可是他们还要逼着我去表演。我恨死他们了！

心理辅导老师：哦，原来你生气的真正原因是因为你觉得老师让你跟好朋友分开了。

林某：是啊！要不是他们，我怎么会这样呢？

心理辅导老师：哦。原来你是这样看这件事情的。好，这个问题老师在后面的聊天中会继续跟你讨论。接下来，请你给老师解释一下你今天画的画，可以吗？

林某：嗯。我觉得我的愤怒就是这个样子的，就是很多的线头和圈圈都绕在一起，绕啊绕的，解也解不开。让我觉得很烦很烦！烦得我头都疼了！

心理辅导老师：嗯，那的确是一件很让人不舒服的事情。

林某：就是啊！还有啊，我觉得如果是生气的画，就是很不好的颜色，就是这种灰色。因为我觉得快乐就是红色的，所以不快乐就是灰色的。

心理辅导老师：哦，你觉得自己生气的时候，心情就是这样灰蒙蒙的。

林某：嗯！我一点都不喜欢这样。

心理辅导老师：嗯，老师也不喜欢生气。老师刚刚发现，你在画这些圈圈的时候，很使劲儿，是吗？

林某：嗯。我觉得我只要使劲儿，就能把这些烦人的圈圈统统扫除！

心理辅导老师：哦。原来是这样。很用力的画画，然后就可以把那些让自己不开心的东西统统扫光光。

林某：嗯！我一用力，它们就都被我给甩出去了，就飞走了。

心理辅导老师：哦，那你觉得画完今天的画以后，自己还是很生气吗？

林某：不那么生气了，生气都被我甩掉了，统统甩跑了。

心理辅导老师：这样看来真不错。那你以后生气的时候，再试一试这个办法，好不好？

林某：嗯，我觉得还挺有用的。

从上述一段对话中，我们可以看到咨询师是如何运用绘画这一技术来帮助这个10岁的来访者疏导坏情绪的。从心理咨询老师引入绘画主题，到对主题进行解释以帮助来访者理解，再到画完以后跟来访者的会谈和探讨，最后到帮助来访者学会使用绘画法宣泄不良情绪、调整自我，这在整个咨询过程中，咨询老师都在用生动浅显的话语去引导孩子思考，这样既能让孩子觉得自己是能行的，又达到引导孩子思考的目的。

纵观整个案例，我们能够发现绘画技术有诸多优点，首先，这种方法适用于那些年龄较小、自我觉察能力不太强、表达能力较弱的来访者。其次，绘画技术能够绕过来访者的自我防御机制，帮助来访者顺利地疏导情绪。最后，绘画所需要的工具十分简单易得，对环境的要求也不高。因此，建议各位读者在实践中多加尝试。

注意事项：

1. 咨询师切忌把自己的理解和意见强加给来访者。让来访者自由作画，是一个很重要的原则。

2. 对于图画内容的解释，切忌主观臆断。咨询师要抱着怀疑的态度，请来访者自己对绘画内容作出解释。同时，咨询师对于图画内容的理解不可固定僵化，要随着来访者的解释以及对来访者认识的加深，不断作出调整。

（四）箱庭疗法

箱庭疗法也即我们平时所说的沙盘疗法。它源自瑞士的荣格分析心理学派学者卡尔夫，是基于荣格分析心理学、客体关系理论、游戏理论以及其他心理咨询理论的一种心理临床疗法，它使受伤、受害者通过创造的意象和场景来表达自己，直观地显示他们的内心世界，从而绕开心理咨询和心理治疗中的阻抗，使治疗师更好地帮助受伤、受害者修复内在创伤。

箱庭疗法其实质是一种投射技术。通过让个体感受容器中的细沙，摆放沙盘内的沙具，塑造一个与其内在状态相对应的心理世界，展现出一个人的心灵花园。

箱庭疗法可以缓解各种心理压力，调节个体内在的矛盾，化解内心冲突，修复心理创伤。同时，也有助于各种躯体症状的治疗和改善，维护心理健康和人格的完善发展。另有一些研究也表明，箱庭疗法对于有攻击倾向的个体也有很好的干预作用。

箱庭疗法最初来源于儿童的游戏，因此，该技术被广泛地用于对儿童和幼儿的意外伤害心理干预，尤其适用于语言能力没有得到充分发展或者是有语言障碍的儿童，对情感障碍儿童和恐惧焦虑儿童有很好的临床效果。

（五）危机干预

危机干预是近40年来国外常用的一种有效的心理干预方法，是一种短程的，帮助有情绪问题的受伤、受害者的心理救助过程。心理危机干预技术给处于危机之中的个体或家庭提供有效的帮助和支持，通过调动他们自身的潜能来重新建立和恢复其危机前的心理平衡状态。另外，帮助受伤、受害者掌握良好的应对技巧，使其在今后面临或遭遇类似应激时，能举一反三地处理问题和危机。因此，心理危机干预技术不仅有利于缓解受伤、受害者在当下应激状态下产生的心理负担，还有益于提高受伤、受害者长远的自我心理适应和承受能力。

危机干预技术主要有以下四个步骤。

1. 评估心理问题

建立良好的咨访关系，取得受伤、受害者的信任。这一阶段要使用良好的沟通、倾听技巧，全面了解当事者遭遇的意外伤害或事件，明确目前存在的心理问题。

2. 制订干预计划

针对当前具体问题，结合受伤、受害者的实情和当前的心理需要制订干预计划。

3. 实施干预方法

实施干预方法有以下五种：①主动、耐心倾听并热情关注，给予心理上的支持；②提供宣泄机会，鼓励表达内心情感，恰当使用共情，而不是说服受害者改变自己的感受；③解释危机发展过程，使当事者明确当前面临的困境，鼓励其积极面对现实，提高积极应对水平；④给予受害者肯定和支持，帮助当事人提高信心；⑤争取更多关心，发挥社会支持系统的作用。

4. 干预效果评估

及时评估危机干预效果，并帮助当事人调整心态，提高自我的心理适应能力和承受能力。

对于遭遇意外事故的个体而言，其身体或心理的损害可能是严重的。危机干预的关键点在于充分的同感和有力的社会支持。同感，即共情，辅导人员必须设身处地地了解当事人的感受和痛苦，对其各种恐惧、害怕、怨恨、绝望等情绪给予充分的接纳和理解，并通过真诚的关怀、陪护、实际行动的支持等帮助当事人度过危机时期。尤其要注意严重受害的个体可能出现的冲动和极端的行为。

【例】某中学高三男生江某是学校的尖子生。他成绩优异，老师和同学们一致认为他能考上上海交通大学。江某也一直十分刻苦努力，希望能在不久的高考中取得优异的成绩。

某日课外活动课上，江某与同学一起在器械区进行体育锻炼。在进行吊环活动的时候，绳子突然断裂，将江某甩出去几米远。该事故造成江某右手开放性骨折，此时离高考还有不到一个月的时间，而因为右手臂骨折的原因，江某不得不放弃本年度的高考。

江某由于接受不了现实，一日趁人不注意跑到学校的教学顶楼，他情绪十分激动，甚至表示要跳楼自杀。幸好学校保卫人员及时赶到，制止了江某的冲动行为，并将江某送到学校的心理咨询室。

辅导方案：

从本案例的描述来看，江某因为意外受伤而不能参加高考，并由此产生了极端的想法和行为。虽然学校保卫处在第一时间阻止了江某的冲动行为。但是如果不能对江某的心理和情绪作出有效的调整，江某的冲动行为也许就会第二次、第三次上演。

考虑到江某是在自杀被阻止后的第一时间被送来心理咨询室的，心理辅导老师对江某采取了危机干预。危机干预是一种通过调动处于危机之中的个体自身潜能来重新建立或恢复危机爆发前的心理平衡状态的心理咨询和治疗技术。危机干预主要包括三种技术，分别是沟通技术、心理支持技术、问题解决技术。沟通技术意在通过对话，与来访者建立良好关系，传达共情、培养信任；心理支持技术的应用旨在尽可能解决来访者当前的心理危机，稳定来访者的情绪；问题解决技术则主要针对来访者的不合理认知进行调整和纠正。下面将结合本案例进行简要说明。

心理辅导老师：发生了很让人绝望的事情，是吗？

江某（低头，沉默不语）

心理辅导老师：虽然你没有说，但是老师能感受到你此时此刻的难过和伤心。虽然老师还不知道你究竟是因为什么事情而那样做，但那一定是一件让人难以接受的事情。

江某（还是沉默，不说话）

心理辅导老师：嗯，也许你现在更想要一点自己的时间和空间。那好，现在老师就坐在你旁边，陪着你一起安静。

江某：老师，我觉得活着真的很没意义啊……（说完就开始痛哭起来）

以上这段咨询对话中，心理辅导老师并没有因为江某刚开始的抗拒而放弃努力，而是通过表达尊重、共情、理解等，与来访者建立了良好而信任的咨访关系，最终促使来访者消除了自身的抗拒，打破了沉默。

心理辅导老师：嗯。生活中有时是会发生一些事情，令我们觉得活着没有意思。

江某：老师，怎么办啊？我该怎么办啊！我一直以来追求的梦想就这样破灭了！怎么办啊！怎么办啊！到底怎么办啊！

心理辅导老师：你感到很难过很绝望是吧？如果很难过，不妨就像刚才那样大声哭出来，或者是大声喊出来。也许这样做会让你觉得好受一点。

江某（先忍了一会儿，然后开始号啕大哭）

心理辅导老师（在合适的时候递上纸巾，表示对来访者的关注）

江某：老师，我现在觉得好些了。压在心里太难受了！也没人可以倾诉，没人会理解我的感受！谁都不能体会我的感受……

心理辅导老师：嗯，那是什么样的感受呢？

这段对话中，心理辅导老师首先引导江某利用大哭的形式宣泄压抑的情绪，达到了快速消除不良情绪的目的。其次通过提问“那是什么样的感受呢”，引导来访者进一步思考和觉察自己的情绪问题，同时也通过对话和动作等，向江某传达了自己愿意关注他、倾听他、支持他、陪伴他、帮助他的信息。

心理辅导老师：刚刚你说，不能参加今年的高考，这辈子就完了。是吗？

江某：是啊！老师和同学都觉得我肯定能考上交大，结果突然发生这样的事情，考交大的梦想也就破灭了……什么也没有了！没有了……

心理辅导老师：嗯，听你的意思，似乎在你看来，一年不能高考就等于这辈子就完了，是这样吗？

江某：是啊……

心理辅导老师：按照这样的理论，一次奥运会不能参加，这辈子就完了，所以那些因为这样那样的原因不能参加某一届奥运会的运动员都没有活着的价值了，是这样吗？

江某（沉默，思考）

江某：好像不是，他们都还好好活着，还在为下一次的奥运会而努力。

心理辅导老师：嗯。看来你已经明白了老师的意思。在生活中，我们的确会遇到这样那样的困难，这样那样的问题，这样那样的不顺。但一次的失败，并不等于一辈子的失败，你说呢？

江某：嗯，老师您是说我这次不能高考，下一次还有机会？

心理辅导老师：谁说不是呢？你刚刚说那些运动员都在努力准备下一届的奥运会，奥运会四年才有一次，可是他们都没有放弃；高考每年都考一次，你说你应该怎么做呢？

江某：老师，我好像有些明白您的意思了……

这一段咨询中，心理辅导老师针对江某的不合理认知，通过举例说明的方式，与来访者的不合理认知作斗争，并通过层层引导，让江某逐渐认识到自己的问题所在，成功化解了江某的心理危机，咨询取得了一定的效果。

（六）团体辅导

对于有同样意外伤害经历的个体，或者是同时经历伤害事件的群体，也可以采用团体辅导的方式进行心理干预。通常，团体辅导有个体干预不具备的优势。

团体辅导是指在团体情境下进行的一种心理辅导形式。它以团体为对象，运用适当的辅导策略与方法，通过团体成员间的互动，促使个体在交往中通过观察、学习、体验，认识自我、探讨自我、接纳自我，调整和改善与他人的关系，学习新的态度与行为方式，激发个体潜能，增强适应能力的助人过程。

通过对团体辅导的定义的阐述，我们可以看到，团体辅导有以下独特的优势：

1. 有利于团体成员发展和体验良好的人际关系

前面我们提到，意外伤害可能会造成受害者人际关系上的障碍。而在团体中，个体重新体验人际关系，并能在主培师和其他团员的帮助下建立新的健康积极的人际关系。这有助于受害者在自然放松的环境下重构受损的人际关系。

2. 增强团员的归属感

受害者会因为自己的种种缺陷，产生孤独离群的感受。若能和与自己有相同遭遇的人组成一个团体，则会增强个体的归属感，产生“不是我一个人有这样的遭遇”的体会，更利于个体的心理康复和保健。

3. 给个体体验互助互利的机会

在团体中，个体通过成员之间的沟通和交流，体会相互关心和帮助，重拾社会支持。而健康良好的社会支持对受害者的心理痊愈是十分有帮助的。

4. 给个体提供发展良好适应行为的机会

团体是社会的缩影和真实反映。在团体中，成员为彼此提供行为示范，通过团体经验进行模仿学习。此外，团体辅导还给成员提供接受反馈的机会，而团体的反馈往往比个别情境的反馈更具冲击力，因此，能有效地促进个体改变自己的不良行为，发展适应性行为。

5. 积极探索自我

团体辅导为参与者提供了一个良好的社会活动场所，创造了一种信任、温暖、支持的团体氛围，使个体处于一个比较安全与温暖的情境中，因此很适合培养成员积极面对人生的态度，积极地评估自己的价值观，使自己更成熟地接受挑战。

针对遭遇意外事故的个体和群体而言，团体辅导的目的是帮助他们了解事故的原因，知道责任方应该承担的责任，以及怎样面对现实，处理各种可能的负性情绪及偏差认知，找出解决问题的合理途径和方式，并给予积极的引导。学校特别要处理好由于自身的因素导致的意外事故，敢于承认错误、敢于检讨、敢于面对批评和指责，不推卸责任。可召开家长会，并在每个班级开展有针对性的主题班会，在认真检讨的基础上，接纳同学和家长的抱怨，给予充分的发泄机会，然后再寻找共同目的，达成一致的解决问题的思路。针对过度恐惧和极端害怕的个体，则需要进行系统的心理治疗，包括采用系统脱敏疗法、冲击疗法、行为认知疗法等。

第七章 校园群体性事件的心理干预

一、校园群体性事件的界定

（一）概念

群体是指两个或两个以上相互依赖和相互作用的个体，为了某个共同的目标而结合在一起的彼此之间有情感联系的人群。广义的群体性事件是指由同类个体组成的整体，由于某种共同的要求，造成对社会具有不平常影响的事情。根据2005年的《社会蓝皮书》，从1993年到2003年间，中国群体性事件数量由1万起增加到6万起。根据公安部数据，2005年，共发生群体性事件7万多起。中国科学院有研究员认为，2007年，群体性事件数量超过8万起（邵道生，2009），2008年和2009年更是有增无减。关于学生群体性事件，目前尚无统计资料，但从媒体报道和现实情况看，学生群体性事件也是频繁发生，而这很容易引发其他社会问题，它正受到政府机关和社会各界越来越强烈的关注。

在校园这个特定的环境中，学生们在学校学习期间便自发形成了一种特殊的人群组合体，即学生群体。他们经常集中在一起学习、活动、交流、传播信息，他们相互联系、相互影响。他们遵守着共同的学校纪律和学生行为规范，在情感上相互融合、相互依赖，在思想上互相影响、互相启迪，而且有着共同的学习环境和成长目标，学生群体行为的发生直接影响到校园的教学生活秩序和校园的和谐与稳定，也影响到学生群体自身的身心发展。

在这里，我们所说的校园群体性事件，是指由于自然的、人为的或社会政治等原因引发的，直接在校园内部发生或虽未在学校内部发生，但是主体和内容与学校有关的，学生群体起主导作用的，对学校的教学、工作和生活秩序造成一定影响、冲击或危害的事件。

近些年来，尤以大学生群体事件较为典型、突出和频繁。尽管事件的大小不一、程度不等，但发生的次数不断增多，频率逐渐增大，不仅干扰了正常的教学秩序，而且在一定程度上影响了学校和社会的安定团结，是和谐校园建设中最为突出的问题。同时，事件对学生身心健康的影响也不可忽视，必须引起高度重视。高校校园所发生的群体性事件常见的表现形式有：集体罢课、罢餐、静坐、堵塞校内交通或非法占据校内公共场所；未经有关部门批准，擅自在校园内举行非法集会、讲演、游行、示威、集体请愿、张贴大字报等公共活动；在学生宿舍楼集体敲脸盆、砸酒瓶、砸窗户玻璃、朝楼下扔杂物或结伙打砸哄闹事件等。

在高校这一特定的环境中，知识群体相对集中，维权意识相对较高，政治责任感相对较强。因此，当社会矛盾激化或自身利益受到损害时，部分学生一旦受到策动，往往表达为一种集体性的相对过激的言行。特别需要注意的是，在现在这个传播媒体高度发达的时代，网络舆论的形成往往非常迅速，一个热点事件的存在加上一种情绪化的意见，就可能成为引发大学生群体性事件的导火索。大学生为了实现某一目的，利用网络大规模传播，发布某一方面信息，以发泄不满、制造舆论。网络因其具有传播范围广和传播速度快且言论具有自由度和匿名性等特点，而成为社会或学校焦点问题的信息传播中枢，也为校园群体性事件的组织和宣传提供了极为便捷的途径。

此外，随着学生升学就业压力的增大，许多学生选择了注重技术技能培养的职业技术学校。近年来，一些职业技术学校发生的群体性事件也频频发生，大多是因为学生对某些问题的不满所引起的。

【例】2006 年 9 月，发生在广西壮族自治区南宁市的某职业中学学生打群架事件，起因仅仅因为一年级新生军训结束，少数新生喝酒夜归高声喧哗，影响高年级学生休息，双方发生口角，而校方处置不力。再如，2007 年 7 月在广东省惠州一电子厂，来参加半工半读学习的三所中职学校的学生因保安工作方式简单、粗暴，屡次殴打学生，激起共愤。因厂方未能妥善处置，发生了数百人持械寻找打人保安、讨要说法的群体性事件，在寻找打人保安未果的情况下，打砸员工宿舍楼门窗、楼梯扶手等。

（二）特点

1. 事件爆发的突然性

通常的群体性事件是各种矛盾积累到一定程度后激发的产物，一般具有突发性特征。虽然平时各种矛盾看似不明显，但其在各自相对独立的运动中叠加和积累，不断地发展变化，当积累到一定程度以后就难免会发生由量变到质变的转化。在这个时候，如果出现了一个诱因，就会成为群体性事件的直接导火索。因为这个诱因的出现是偶然的，群体性事件也因此表现出了突发性（毛欣娟等，2008）。校园群体性事件的爆发大都具有随机的偶发性和突发性，酝酿急，速度快，事前具有一定的隐蔽性，没有规律，当师生员工利益矛盾冲突达到一定限度后，便可能随时引发聚众闹事、示威等事件。同时，由于其诱发因素在时机上具有偶然性，不易预测，加之中学校内的学生群体往往是高度集中的青少年群体，他们正处于青春期或青年期，绝大多数学生情绪波动大，拥有强烈的正义感，爱打抱不平，极易被周围的人煽动，往往会因某一件事处理不妥而突然诱发群体性事件。因此，学校群体性突发事件在什么时候、什么地点、以什么样的方式爆发、事件的规模、事件的发展变化趋势及其影响深度和广度都存在一定的不确定因素。有时事件的起因涉及多数学生共同的切身利益，虽然群体中的个体心态与行为各不相同，但他们有着共同的行为目标，因而尽管事件的发生可能是由于个别学生突然激起，但整个群体能迅速凝聚，发展成为来势凶猛、波及面广的群体事件，极易引发各种节外生枝的事端，造成不良后果。而激起大规模群体事件的往往是一些小事情（如停电、停水、网络中断等），引起学生情绪突变，从而发生起哄、砸酒瓶、砸窗户等群体性事件。

突发性是大多数群体性事件的一个共同特点，在事先没有任何征兆的情况下突然发生，让人猝不及防。这类事件，往往是在学校和教师视线以外秘密策划的，让校方无法防备。校园群体性事件爆发性强，来势凶猛，组织化程度高。一旦发生，言行十分偏激，往往采取与领导对抗的行为方式，而且相互串联，互相呼应，目的是引起社会和高层的关注，希望各级领导能重视解决。虽然说事件的许多方面都难以预料，但值得注意的是，只要仔细留意学生的言行举止，还是可以捕捉到事件发生的端倪。这就是学生在感受到自身的权益受侵犯而又不能依靠自身的力量解决时，学生一般都会先向学校管理方寻求心理救援或问题解决，如果不能获得心灵救援或问题解决受挫时，在某种刺激因素的诱发下，就有可能发生突发事件。

2. 事件产生根源的复杂性

校园特别是高校，可以称得上是一个“小社会”，它们与国家的政治经济环境、人民社会生活都息息相关，可以说是整个社会的重要窗口，是社会的“晴雨表”，也是社会各种思潮和矛盾的汇聚点。我国现阶段正处于改革的攻坚阶段和发展的关键时期，出现了经济成分和经济利益多元化，社会生活方式多样化，社会组织形式多样化，社会矛盾复杂化，也给学校带来了不少的影响，再加上学校内部各种矛盾也日趋多样，因此，校园群体性事件的产生原因和表现形态往往非常复杂，很难预知。国际国内、校内校外凡是学生广泛关注的，与他们切身利益有关的事件或热点问题，一旦引导或处置不当，就有可能成为学校学生群体性事件的诱因。它可能因团体利益受损而爆发，也可能仅仅因个人利益受到伤害而聚集起来表达诉求。如伙食质量低而价格高或变质中毒，引起学生的群体性不满，也有个别学生在校园内或校外受到不法侵害，引起同学们的同情和愤怒等。此外，学生的思想道德水准也参差不齐，由此也导致学生群体性事件的多元性和不可预测性。

3. 事件发展的扩散性

随着学校组织结构的日趋层级化以及通信、网络、交通的日益发达，学校群体性事件的发生、演变呈现越来越早扩散的态势。学校群体性事件的发生，有时候不一定与他们所追求的目的完全吻合，仅仅只是在某一点上符合学生比较偏执的认识与感受，肯定了学生中间业已存在的怀疑与不安，刺激他们通过群体性事件来解决问题，助长一些人的不满情绪，加速群体性事件的发生。群体性事件一经发生，它可以使许多最初仅仅是旁观的人，经过鼓动而成为实际的参与者，使原本松散的无组织群体产生一致行动的倾向。加之校园内建立的友谊大多是纯洁的，不涉及利益关系的，因此，也有部分学生因为哥们义气加入其中。如果事件不能得到及时有效的控制和解决，就可能迅速蔓延和扩散。特别是在从众心理的支配下，会有越来越多的学生参与其中。如果事件在全国各学校产生共鸣，则很容易波及其他学校，出现跨校、跨省甚至全国范围的学生联合性群体事件，进而波及社会。事件一旦发生，必须在最短时间内迅速控制局面，迅速采取有效的针对措施，才能够减少损失，具有控制上的紧迫性。

4. 事件个体的从众性

参与学校群体性事件的个体在群体性事件中往往表现出较强的从众性。在群体性事件发生之初，一般规模较小，基本上都是为首者或组织者在活动、酝酿、策划，而大多数个体最初并不了解事件的情况，辨不明事件的性质或没有参加事件的强烈愿望，多持观望态度。但后来由于“从众心理”作祟，自觉不自觉地加入群体行动，使事态扩大。个体在参与群体性事件中，总认为自己的身份已消失、已被匿名，即使实施了过激行为也不会被认出，这样自然就减弱了他对其行为后果的恐惧感和责任感，加上群体观念和行为的趋同性，导致了自我评价、自我体验标准的歪曲和自我控制能力的下降，丧失理智，增强了实施反社会公德规范行为的勇气，很少考虑其行为将造成的后果。有时，有的学生甚至不知道事件的来龙去脉，认为大多数人做的事一定是有正当理由的事，一定是正确的事。特别是大学生，可能受书本和影视的误导，认为大学生就该冲动一次、激情一次，而不明缘由地加入事件中。

5. 事件行为的过激性

近些年来，学校特别是高校的学生群体性事件有过激化的趋势，如群殴事件屡见不鲜，未经批准的游行也时有发生。群体行为的不可控的过激性在学生群体性事件中表现尤为明显。在偏激的思想观点、激烈的情绪和狂热的群体意识支配下，学生无视应遵从的社会规范和学校纪律，经常会盲目地做出一些过激的行为，例如，迅速聚集示威或罢课、罢餐，更有甚者出现打、砸、抢等严重事件。由于学生是备受社会关注的群体，社会关系牵涉面广，这种事件的发生更容易引起社会反响，处置难度较大，极易被社会上别有用心者和闲杂人员所利用，客观上“放大”和“加深”了危害的范围和程度。

6. 事件结果的危害性

学校学生群体性事件除了控制较好的积极型事件和活动型事件以外，大多都是具有一定破坏性和危害性的消极型事件。它们破坏了学校正常的教学工作和日常行政工作秩序，由于它的出现，迫使相关部门必须集中更多的精力去应对与解决问题，从而分散了有限的人力、物力，进而影响了其他工作的正常开展。特别是如果处置不当，容易被社会上别有用心的人煽动和利用，激化矛盾而出现过激行为，甚至出现打、砸、抢、烧等严重违法事件，极易成为诱发地区性乃至全国性学潮的导火索，势必也会影响到社会政治的稳定。例如，学校体育比赛活动中，由于部分学生认为裁判员执判不公，引起哄闹，妨碍比赛进程。如果进一步发展，或有学校相关人员干预不当，则可能转化为殴打、攻击裁判员、运动员事件。事件如果进一步恶化，还有可能引发更为严重的打、砸、抢、烧等犯罪活动。再如，某些一般性的集会、游行、罢课，如被中外敌对势力插手，就发展成为带有政治色彩的、反社会的活动。

一些暴力性的群体性事件，它会给国家和集体财产以及学生个体生命财产造成一定的损失。群体性事件的出现，也无疑损害了学校良好的公众形象，不断出现的群体性事件会使社会和广大师生对学校的信任产生怀疑和动摇。群体性事件的发生，它损害了学校管理制度的权威，对广大同学的“公序”意识将产生较大的危害，极少数同学甚至会出现与管理者相对抗的情绪。群体性事件的频繁发生与长期存在，从反面强化了部分学生的社会无序意识，严重损害了学生心目中已有的社会校园规范意识和制度意识，长此以往，就会出现浮躁、非理性的社会心理和社会价值趋向（高瑞艳，2008）。当学生进入社会后将很难适应更加复杂的环境，其对一些学生的消极影响将会持续相当一段时间，甚至可能成为一辈子的心结，对这种危害的修复将是漫长和艰辛的。

7. 事件处理的复杂性

学校发生的群体性事件，大多涉及学生人数多，情况错综复杂，发展变化快。尽管绝大多数是属于校园内部矛盾性质，但许多事件是学生要求的合理性与采取行为的违法违纪性交织在一起，学生有的要求是合情不合理，一时难以解决。这些都给事件的处理带来很多困难，因此，学生群体性事件的处理非常复杂。有时一些学生的要求是合理、应予解决的，但法律和政策没有明确规定或规定不够完善，也加大了处置这些事件的难度。在处置过程中需要相当的经验、勇气和策略。要能根据不同类型的事件采取不同的处置方法，要有一定的预见性，有相当的洞察力，能快速准确地找出事情的起因和症结，消除矛盾，以防事态扩大。在处置过程中，必须严格掌握政策，区别对待。对于广大学生和教师，应当始终采取教育劝导的方针，使其分清是非、彻底觉悟，尽力避免对他们采取强制手段，由于学生群体的冲动性和激情性，以暴制暴的方法是绝不可取的。对于少数为首人员和危害很大、影响恶劣的人员，应当依校纪、校规甚至依法予以惩处，但必须掌握充分可靠的证据，并且要选择适宜的时机，以尽量降低事件的危害为宜。

（三）种类

1. 政治类群体性事件

广义的政治类校园群体性事件，指的是和政治有关系的校园群体性事件，大致可以分为积极型和消极型两种。积极的政治类校园群体性事件是“由特殊的社会矛盾或国际纠纷，激起师生的爱国热情”（章清等，2005）而发生的目标明确、可控的，会产生积极意义的校园群体性事件。例如，1999 年反对我国驻南斯拉夫大使馆被炸而发生的高校游行活动。消极的政治类群体性事件也是因为政治上的原因，但是“往往被一些别有用心的人利用”，结果走向了“广大学生良好愿望的反面”的那类校园群体性事件（毛欣娟等，2008）。

目前，发生的高校群体性事件大多数是积极的政治类群体性事件，最为典型的是 2005 年三四月间在北京、上海、广州、武汉等地爆发的一系列反日示威游行和抗议活动。该示威游行和抗议活动的目的主要是为了反对日本扶桑社的历史教科书和日本企图加入联合国常任理事国。虽然这次游行不同于1999年针对我国驻南斯拉夫大使馆被轰炸的游行，并且这次游行产生的影响一度使得原本就紧张的中日关系降至历史最低点，但是，由于事件本身尚在可控范围之内，也未造成危害性后果，所以也将其归为积极的政治类群体性事件，属于校园群体性事件的一个新现象，也表现出国内外重大敏感事件对校园群体性事件的影响。

2. 非政治类群体性事件

近年来，表现得比较突出，广大媒体和群众比较关注的校园群体性事件大多是非政治类群体性事件。这类事件一般是学生为了维护自身的某种利益或者表达对社会转型期内某些问题的不满而产生的。例如，2006年10月21日，江西省民办高校某职业技术学院部分预科学生因学籍与学制问题与校方产生意见分歧，在学生提出的要求没有得到满足的情况下，数百名学生自发聚集在一起，打、砸学校的教学楼、宿舍和食堂，砸坏停在校园内的汽车，焚烧宿舍的窗帘和被服。同样，属于此类校园群体性事件的还有2006年11月，湖南永州一个9个月大的小男孩仅仅因低烧在医院就诊，却在两个小时内离奇死亡的消息，引起了全社会对于医德沦丧和看病难、看病贵等社会转型期间热点问题的激烈讨论，并激起了湖南部分高校学生集结到医院静坐示威、声援该无辜男孩的母亲，造成不小的社会反响。

3. 复合类群体性事件

目前，校园群体性事件还有一种类型，有专家称之为“复合类群体性事件”。这类群体性事件具有“较强的不可控性”，往往由一般问题引发，却极易发生转化（毛欣娟、曹鸿，2008）。例如，2000年5月19日，发生于北京大学昌平校区的北京大学女生遭奸杀的暴力事件，该事件发生后北大校方不但没有积极主动地配合公安部门破案和解决，反而是采取了对学生和社会封锁消息的做法，甚至在事发三天以后校长还不知道遭遇不幸的女学生的姓名，这一系列消极的应对引起了在校学生的不满，并直接导致北大学生的聚众游行。该事件的发生和发展引起了社会的全面关注和国务院的高度重视，是比较典型的一起复合类高校群体性事件。

（四）成因

现今的校园群体行为，已具有鲜明的时代特征，是社会文化在学生群体身上的积淀。学生群体行为的强烈时代感已经进一步凸显，多元化的行为模式既源于社会发展的客观因素，也决定于学生群体自身的主观因素。

1. 客观因素

（1）社会因素。随着我国改革开放的不断深入，带来了各方面利益的重新分配和调整，社会的发展处于前所未有的激烈竞争中，社会“热点”问题层出不穷。这些“热点”问题特别容易引起学生群体的关注和共鸣。如社会上的资源和报酬分配不公、官员贪污腐败、大量人员下岗、工作收入悬殊、物价上涨过快、贫富差距加大、大学生就业困难等问题，都会通过同学之间的交流、报纸杂志、网络传媒、电视及娱乐场所等各种渠道汇入来自社会的各个阶层、全国各地的学生群体中，从而对他们产生思想上、情感上、价值取向上的影响。若学生们得不到思想上的及时疏导，最容易因引导不力而演变为行为上的学生群体性突发事件。

国内外发生的重大事件、政治敏感问题的影响也是不容忽视的，如新疆问题、台湾问题、西藏问题、“法轮功”问题及人权问题等。与此同时，青年学生具有极强的民族自尊心和民族自豪感，对过去历史带给我们的耻辱高度敏感，国家主权和民族尊严不容有一点伤害。一旦有伤害到国家主权和民族自尊心的事件发生，学生们往往以非法集会、讲演、游行、示威、请愿等活动进行抗议，引发群体性事件（张彧，2010）。如 2008 年 4 月，由于法国政府的有关人士和一些民众发表言论支持“藏独分子”，并且当奥运圣火在巴黎传递时遭到破坏，以大学生为先锋的中国民众掀起了抵制“家乐福”超市的热潮。

改革开放三十多年，经济腾飞，综合国力增强，国际地位迅速提高，成就举世瞩目。但我国在经济快速发展中也难免出现一些问题，如“三农”、贫富悬殊、医疗、养老、升学、就业等问题。当前与高校直接有关的升学、就业等问题已成为社会各界关注的焦点。收费制度改革使高校出现许多“贫困学子”，其中多数“贫困学子”人穷志不穷，通过勤工俭学等途径赚取学费和生活费，努力学习，走出了困境，成为建设祖国的人才。特别要注意的是，也有少部分学生并不愿意通过自己的努力来改变困境，而是干出偷盗或诈骗等违法、违纪事件，这类贫困学生的违法、违纪行为有形成一种趋势的可能，稍有不慎，就会走上违法犯罪的道路并引发突发性群体性事件。与此同时，当前高校中的贫困生群体与高消费群体并存，是一个值得高度重视的校园现象，两个群体间的差距比较而产生的冲突，如果不加以正确引导，很容易让贫困生群体产生消极的思想认识和人生态度，对家庭、社会产生不满和抱怨，甚至滋生抵触和仇恨情绪，进而形成群体性事件的诱因。

（2）学校因素。学校管理体制和沟通机制不健全，学生工作队伍不完善，管理人员素质不高，信息渠道不畅通，对于学生的思想动态关注不够、掌握不及时、教育不到位，表现为学校内部环境安全得不到保障，偷盗、诈骗、故意伤害、自杀、火灾及其他安全事故多发，引起学生集体不满和抗议，再加之学校的学风不正，对学生约束不严、处罚不力，学生不务正业极易滋生事端。如有的高校发生过学生多人因学校食堂饭菜不佳、卫生条件差等而抵制食堂的集体罢餐事件，主要原因在于学校后勤管理方面体制不健全、服务意识不强、管理水平落后、对学生的诉求置之不理。2005 年，河北省某高校二级学院毕业生因为毕业证问题对学校违反当初承诺强烈不满而集体静坐、示威并包围学校行政楼事件，其原因主要在于学校有关部门对于学生关心的焦点问题不够重视，一旦出现突发事件便迅速燃起学生群体的愤怒情绪而导致严重后果。

随着各类学校扩建与扩招，学生人数迅速增加，但部分学校在教学、后勤等服务设施方面却没有得到同步发展，在建设过程中也出现一些问题。例如，基础设施老化，供电、供水等设施年久失修，教学用房、图书仪器设备、食堂、浴室极为紧张，无法满足迅速增加的学生需要，学生对办学条件不满，这些都容易引发学生之间因争抢资源而大动干戈或通过群体性事件表示对校方的不满。还有一些高校在后勤社会化改革中，由于卫生、价格、服务质量等方面存在一些问题，引起学生意见，加之学校民主渠道不畅通，或管理人员工作中的一些官僚主义作风，致使学生的一些正常要求不能及时得到满足。

也有出现学校的管理、服务与学生的需求不一致的情况。随着各类学校改革的不断深入，诸如实行学分制、调整专业设置、后勤服务社会化、学习优劣分层、联合办学等重大改革措施的陆续推出，原有的平衡格局被打破，各种新问题、新矛盾不断涌现，涉及学生利益的某一事件如收费、教学、生活管理等存在处理不当现象，而解决的方法、手段、措施又相对滞后，与学生的实际需求存在差异。

以上情况都极有可能成为引发学生静坐、示威、游行等群体性事件的导火线，并在学生宿舍楼发生集体敲脸盆、砸酒瓶、砸窗户玻璃、朝楼下扔杂物、烧报纸、高声喊叫等过激行为。

(3) 自然因素。自然灾害和传染性疾病的发生往往具有突发性、响应迅速、响应范围广等特点。他们往往破坏力极强，对社会政治、经济特别是人民群众的生命和财产安全构成严重威胁。这类事件主要是由于卫生、火灾、治安、交通等安全事故，而出现的大批学生伤亡或者恐慌等群体性事故和危机。这类危机主要是由于不可抗拒的自然原因或偶然性原因造成的。因为灾害程度比较严重，所以紧急动员和善后工作很重要。如果处理不及时或不当，容易激化或演化为其他危机。例如，学生大面积食物中毒、传染性疾病爆发、恐怖袭击、学生集体外出发生重大安全事故，以及学生宿舍失窃严重、连续停电和停水引起的学生群体起哄等，有的事件扩散也会出现其他不可预见的危机。例如，家长因子女出了安全事故而不理智地纠集社会人员来校园闹事等，给校园安全稳定带来混乱，也给学生自身身心发展造成损害。

因此，学校在遭遇自然灾害和事故灾难时，如果对抢险救灾、恢复重建工作组织不力，对学生的学习、生活保障不到位，对受伤害学生的善后处置不当的话，就会激起学生的不满而引发群体性突发事件。这类事件的发生在很短时间内就会造成学生的恐慌，造成学生大量离校或停课。这类自然灾害等危害性突发事件本身是无法避免和排除的，但如果我们的应对措施及时且处理得当，那么，学生突发群体性事件是可以避免和排除的。

2. 主观因素

（1）学生身心因素。由于学生大多思想单纯，在行动上缺乏深思熟虑，因而具有兴奋性和冲动性的特点。心理学家说："青年时期是疾风怒涛的时期。"他们遇事易激动，好动感情且情感强烈，往往只凭直觉的心理体验而不顾一切地从众。特别是处在青春转型期的大学生是社会发展中的一个特殊群体，这个年龄阶段的青年精力充沛、情感丰富、敏感好奇。从生理上讲，大学生已经进入成长稳定期，身体形态日趋定型。但从心理上讲，是处于容易激动、容易冲动、群体互动性强的心理过渡期。并且随着大学生知识和社会经验的逐渐积累，世界观、人生观、价值观正逐步形成。因此，其生理和心理上常常处于一种不平衡状态，这种不平衡状态的外化表现就是所谓的"三动现象"，即易动——容易冲动、互动——相互影响、盲动——从众行为明显。这些特点，使大学生最易成为群体性突发事件的受众者和参与者。除此之外，由于大学生的独立性，争强好胜心理的影响而造成人际关系不和谐，产生冲突继而引起群体性突发事件，如打群架、斗殴等。

学生受其所处年龄因素的影响，正处于身心尚不成熟的发展期，人生目标不明确，社会阅历不足，认识问题简单片面。在这种较低水平认识的指导下，学生极易被周围发生的事件，或电影电视中的故事情节错误引导，甚至有的学生会出现模仿现象。

学生情感归属的需要也是一个重要原因。心理学家埃里克森认为，处在成年早期的人的社会化需求主要是在家人之外寻求情感归属对象，青少年有强烈的被他人理解和尊重的需要，特别重视群体评价。因此为确保所采取行为的安全性，不被排斥惩罚，很多学生在同宿舍或同班级的大多数人的意见面前通常会选择“随大流”。

也有的学生存在过分的自卑心理和害怕承担责任。很多学生之所以采取从众行为是因为内心自卑，不敢表明自己的立场或独自承担相应的责任。

另外，当前的在校学生还面临着一个心理健康危机的问题。学校虽然逐步成为一个开放的小社会，但是学校的管理仍然是一个有着森严等级的模式，学生在一些问题上仍然处于被管制的地位，很多事情没有发言权。这种状况长期持续的结果就是学生在本就日趋增大的压力下不堪重负，心理问题越发突出。不能排解的学生就采取极端的自我了结的方式结束了自己年轻的生命，对身边的同学产生恐慌性影响，造成群体性的心理问题。想排解的学生，一有可供发泄的机会就会加入到可以表达不满的活动中疯狂发泄自己的不满，形成高校群体性事件。

（2）法律观念淡薄但自我维权意识增强。目前的在校学生基本上是20世纪80年代和90年代后出生的，大多是独生子女。他们中的一些人以自我为中心的思想比较严重，以自我的价值判断作为衡量事物是非的标准，但有的又过于自负，经不起挫折，受不得委屈，遇事往往不冷静，凭“义气”、充“耿直”，很少考虑行为后果。有的崇尚哥们义气，愿为同学、老乡两肋插刀，将社会公德、学校纪律、法律观念统统置于脑后。与此同时，学生受西方民主思想的影响，保护自身权益的观念又较以往明显增强。当学生认为学校侵犯了自身的权益而又得不到解决的情况时，他们会理直气壮地状告学校，甚至会采取过激行为，如罢课、罢餐、静坐、堵塞大学城交通等（张彧，2010）。虽然有时学生的要求是合情合理的，但由于规章制度的限制，一旦得不到满足，他们就容易采取违法违纪的群体性行为。

（3）模仿、从众等心理因素的影响。相近的年龄，相同的生活空间，相同的兴趣爱好，相似的思维模式，相仿的行为方式，使得学生群体成为社会结构中最敏感、最易动、最活跃、最不稳定的特殊群体，加大了群体性事件发生的可能性。群体对于个体的压力主要来源于信息性压力和规范性压力。在突发事件发生时，由于各类信息不完全，在信息不足或阻滞的情况下，人们习惯于认为众人提供的信息更加全面可靠，众人的选择总比自己正确，因而产生信息性压力，表现出从众心理。同时，新的群体规范制约着成员的言行，使人们不愿被他人看成是偏离者，害怕受到他人的谴责和集群排斥的心理，导致其从众，表现出规范压力下的从众。可以说大学生群体由于年龄的相近，相互之间情感的相悦性，使他们在突发事件发生时，容易产生认同感，从而更容易表现出从众行为。

在群体性事件中经常可以看到学生大叫、愤慨流泪等表达情感的方式，围观的学生极易受感染。社会心理学研究表明，人们处在情绪亢奋的群体中，容易产生模仿、从众等群体心理特征，个体的行为会和群体行为趋于一致。而且亢奋的群体进行决策时，个体行为具有匿名性，责任意识下降。在这种激情的情况下，个体往往会做出平常不敢做的非理性或违法的事情来。这种社会心理的发展模式，在大学生群体性事件中非常容易表现出来，是大学生群体性事件态势发展的重要原因。

在这里需要特别提到的是，近些年来，大学生非正常死亡呈现出一种上升趋势，因学生非正常死亡而导致的群体性事件也是屡见不鲜。除被歹徒杀害外，学生非正常死亡还有自杀、失足坠楼、运动中猝死、游泳淹死、交通事故致死、外出实习猝死等。学生非正常死亡后，导致群体性事件的情况主要有两种：一种是学生被歹徒杀害或遭遇车祸后，学生情绪激动，用游行、集体悼念等形式，要求严惩凶手或交通肇事者；另一种是死者亲属少则几十人、多则一百多人到学校“讨说法”，索要巨额赔偿。由于这些事件关乎学生自身的生命和利益，所以，由此引发的群体性事件也会更激烈，处理也需要更加小心谨慎。

二、校园群体性事件的心理影响

在一类异乎寻常的身体或心理刺激的作用下，本来没有明显心理异常的人，也都会产生暂时性的心理异常，出现应激反应。而突发的校园群体性事件也会给师生带来生理和心理的刺激，出现相应的身心反应。典型的应激反应大致分为四个阶段：

（1）震惊期。感觉迷惑、茫然，而且好像很无助。开始在情绪上可能无精打采，但是很快就会变得很容易接受他人的暗示和影响。

（2）否认期。当震惊消失之后，转入否认阶段，甚至发展为一种类似于庆祝的心情。

（3）现实期。当人们最终面临事件的实际影响时，现实就闯入了，而且延迟的抑郁、焦虑和恐怖反应也就出现了。

（4）恢复期。最后，外伤后反应呈现，而且必须给予处理。

正常情况下，个体和环境总是处在一种动态平衡中，当个体面临沉重打击或突如其来的变故，却又无法逃避，无法应用个人的心理资源和以往的应对策略进行调节时，个体就会陷入紧张、焦虑、烦躁、抑郁甚至是不能自控的心理失衡状态。如果这种失衡状态得不到及时有效的缓解，个体的认知、情绪和行为就会出现功能性失调，达到十分严重的程度时就会产生心理危机，即出现自我失控、精神失常、行为错乱，随时可能发生危险、产生危难的心理状态。

面对重大群体性事件，大部分参与者会经受高度的压力，从而进入应激状态，并表现出相当的应激性生理心理反应，主要包括以下五个方面：

（一）情绪反应异常

情绪反应异常包括焦虑、恐惧、愤怒、悲伤、忧郁等以及丧失快乐及爱的能力。经历了重大校园群体性事件之后，部分学生会感到恐惧和担心，他们害怕自己或是周围的同学受到伤害，担心事件再次发生造成严重后果，也会对事件的后续处理产生一定程度的焦虑。有的学生会有无助感，如经过了集会、游行、罢课等一系列群体行为，问题依然无法解决，会让学生更加看不到团结的力量和自身的价值。特别是在目睹了重大校园灾害或自杀事件后，会让他们觉得生命十分脆弱，不知道将来应该怎么办。有的学生会有悲伤之感，他们会因为自己付出努力而事件未达目的而伤感，也会为事件中的受伤者或是去世者感到难过和悲伤。有的学生会产生内疚之感，他们会将事件所带来的不良后果与自己联系起来，觉得自己无法为整个群体做些什么，或是在关键时刻没有尽自己的全力，因此内心充满愧疚和无价值感。有的同学甚至会产生愤怒的情绪，他们会觉得学校处理不当或是上天不公平，使得事件得不到有效解决，觉得周围的同学根本不理解自己因此而产生痛苦。比较严重的是，在事件过后相当长的一段时间内，有的学生会表现出冷漠之感，甚至丧失了快乐和爱的能力，为了减少由事件带来的痛苦，他们将自己的心灵封闭，对外界的一切刺激和信息都不作出应有的反应，只是以麻木冷漠的态度来对待。大量心理学研究表明，过分的恐慌、焦虑、不安、紧张的情绪和过度的担心都会削弱身体的抵抗力，降低心理免疫力，反而更容易患病，同时引发非理性行为，对社会的稳定和秩序造成威胁。

（二）认知障碍

认知障碍包括感知觉异常、理解与思考困难、无法集中注意、记忆力下降甚至丧失、强迫性回忆以及对工作和生活失去兴趣等。对于那些群体性事件的主要人物或是本身心理健康程度较低的学生，就比较容易受到相对严重的心理影响。如自身感觉异常，产生关于事件的错觉、幻觉，在课堂上无法集中注意力学习，对于一些问题难以理解和思考，关于事件的记忆力丧失或是头脑中一遍遍地对于事件中相应的景象不由自主地强迫回忆，或是产生抑郁情绪，对学习和生活都提不起兴趣。

（三）生理反应异常

一些生理异常反应包括心慌、气喘、恶心、头痛、头晕、肌肉抽搐、身体疼痛、疲倦、失眠等。除了这些，有的学生还会出现各种各样的身体反应。这种生理性的反应产生的原因一方面是认知失调引起的，也就是由心理应激导致的生理应激反应；另一方面则是机体本能反应，是无意识的，而且这种对机体免疫力降低的本能反过来也会直接影响到个体的心理承受力，如面红心慌、喘不过气、恶心想吐、肌肉抽搐或紧张、头痛头晕、身体某些部位疼痛、精神疲惫、情绪萎靡难以入睡，疾病和中毒事件中的恐慌者还可出现相应疾病的模仿症状。

（四）行为异常

行为异常表现为下意识动作、坐立不安、举止僵硬、暴饮暴食或食欲不振、攻击、强迫等。校园群体性事件发生后，也会有部分学生在行为上有异于平常的表现。他们可能会出现以前没有出现过的下意识动作，由于焦虑、恐惧而显得坐立不安，由于紧张恐惧肌张力增大而举止僵硬，因“化悲愤为食量”而暴饮暴食或是因食欲下降而日益消瘦，有的学生甚至会将心中的愤怒转化成暴力的攻击行为，或是强迫行为。对于那些对周围人有不良影响的行为需要得到有效的控制。

（五）交往异常

交往异常主要表现为无法信任、无法亲密、失控、觉得被拒绝、被抛弃、退缩、工作问题、学习问题等。当由校园内的群体性事件产生的不良影响泛化到学生生活的各个方面去时，我们便可以察觉到他们在日常交往中的异常行为。由于群体性事件的参与性与互动性，学生在群体性事件中是相互依赖、相互信任的，一旦事件结果不如他们所愿，便会对学生的人际交往产生很大影响。他们可能会对人与人之间的亲密关系产生怀疑，无法再信任周边的人，甚至在人际交往中出现失控场面。感受不到群体的力量，感觉被拒绝、被抛弃，从而产生退缩行为，以至于影响到学习、生活和工作。

【例】2008 年汶川大地震共造成 69 195 人遇难，374 176 人受伤，16 221 人失踪。而其中又以学校受到的损失尤为严重。站在学校的角度来看，这是一件非常严重的校园群体性事件。对地震不堪回首的记忆，对余震胆战心惊的等待，对死亡近在咫尺的逃亡，对失去无法承担的痛苦，对后面灾疫的无法预料……这些都深深地折磨着每一位学生和教师。灾难虽已过去，但人们对此仍然心存畏惧，危机给人们心理造成的创伤在短期内仍然未能愈合。

对于大部分师生来说，校园群体性事件所引发的心理危机，危机反应无论在程度上或者是时间方面，都不会带来生活上永久或者是极端的影响。大家需要的只是用时间去恢复对现状和生活的信心。在这个过程中，亲友和同学间的体谅、支持以及适当的专业心理帮助，可以协助他们恢复得更快些。然而对于那些受冲击大、影响严重的个体来说，若不能得到及时、有效的心理援助，将严重影响其身心健康及生命安全，严重者可能出现模仿自杀或伤人等极端行为。因此，校园群体性事件发生后，救助生命的同时，学校心理健康工作者应尽快对相关人群开展心理危机干预工作，这些工作可谓刻不容缓。任何推诿责任或企图忽视师生心理感受，不重视心理危机干预工作的决策，都可能带来更大的危机及对师生身心更深的伤害。

三、对有关人员的心理辅导

面对校园群体性事件，部分学生会出现应激反应，心理健康受到冲击，此时就需要进行必要的心理干预。对于校园群体性事件中的有关人员的心理辅导主要涉及以下三种类型：初级受害者，即亲历了群体性事件的人；次级受害者，即目击危机事件或危机事件中的救助者群体；三级受害者，即遭受群体性事件非直接影响的人。在这些人群中，尤其是与事件受害者关系比较密切的同学好友、参与现场生命救助的同学、目击事件过程的同学、虽未目击但听到过同学详细描述事件细节而情绪反应强烈的同学、与受害学生有过类似绝望心理历程且性格比较孤僻内向的同学以及近期曾遭遇过学业和情感失败以及亲人丧失而情绪不稳定的同学、受事件冲击较大而情绪反常的同学等，这些学生群体均系高危人群，需要予以特别关注和重点干预。

对于在事件后出现的非严重的心理异常，我们采取一般性心理咨询策略进行干预，其目的是为了预防个体应激状况的恶化，防止不良应激症状对周围人群的消极影响，并尽快恢复正常的教学秩序。事件后有效的心理干预可以帮助学生积极应对，近期效果可以减轻痛苦，增强日常的活动能力，尽快稳定身体、认知、行为和情绪反应；远期效果使其在认识上把挫折作为生活的一部分，减少和防止精神疾病的发生。当然，对有严重心理障碍或心理疾病的学生应该转介到校外精神卫生机构，对有自杀意念的学生应立即将其转移到安全的环境中，成立监护小组实行 24 小时全程监护，并通知学生家长到校共同采取干预措施。

由于在事后心理辅导的人力有限、受创人群数量大且分散、学生心理成熟度以及应对危机事件生活经验不足，若想实现心理危机干预效益的最大化，需遵循“个体咨询辅导与团体辅导培训相结合”“学校心理干预与家庭社会干预相结合”和“应急心理干预与后续预防教育相结合”等基本原则，确保重点人群得到及时、有效、专业、直接的心理干预，确保预防教育活动惠泽全体成员。

（一）信息提供

信息提供技术要求告知受冲击学生创伤事件的客观性质，引导学生进行正确归因，以免受外界不良信息甚至是一些谣言的暗示和挑拨，防止胡乱猜疑，以讹传讹，混淆视听，进一步歪曲认知并加剧不良的情绪反应。提供信息者必须是校方权威部门和领导，包括校长、政教主任以及班主任等。提供信息的同时最好要附带告知信息的可靠来源。这一点对于一些人为原因导致的个体伤亡事件尤为重要，可以极为有效地避免群体对事件原因的胡乱猜测。而对于地震、台风等天灾事件，学校还要尽可能掌握本校学生的人身安全、家人安全等信息，以便在需要的时候向受事件冲击的学生提供信息（应贤慧，2008）。同时校领导和教师需要积极表现自己驾驭事件的决心和能力，从而赢得信任，使学生在心理上有所依靠，将谣言扼杀在摇篮中。

与此同时，还需告知全体师生，人们受危机事件冲击后可能在情绪、认知、行为及躯体等方面出现一些应激反应，这些反应在一定时间内存在是正常的，并要让学生了解为什么会有这样的变化。但若反应强度过大、超出了自身的应对能力，需及时求得专业心理帮助或其他的社会支持。

由于信息发布及时、透明，学校态度诚恳，富于人性化，规则清晰明了，全校师生能够在第一时间从官方了解到事实真相，不但加强了社会、学校和师生之间的沟通，还从心理上消除了紧张和恐惧。

（二）行为契约

向全校师生提出应对危机事件的“三不”原则——不渲染、不议论、不评判。在信息提供后，校领导和教师还要及时与学生建立相关的行为契约。契约内容主要包括：①不主动搜集来自网络论坛等非官方渠道的媒体信息。②不对事件原因作随意猜测并公开表达自己的主观猜疑。③遵守纪律，参与班集体的日常活动。行为契约可以个别制定，也可以在班会课或团体心理辅导课上集体制定。它可以有效地引导学生在团体共识中尽快回归自我、回归正常的学习生活（应贤慧，2008）。

或是在应急处理中心设立一个24小时开通的大学生心理问题应急处理热线，向全校同学公布，并在学校的教学楼、宿舍楼等醒目的位置张贴热线电话号码，确保需要帮助的学生能在第一时间内与相关专业人士取得联系。

（三）动员支持

在客观物质支持上，我们应保证学生合理的饮食和基本睡眠。也许他们会因为灾后的痛苦而变得茶饭不思，但是，充足的食物中往往含有负责大脑创伤加工的丰富的物质元素。很多新鲜的水果和蔬菜都可以刺激大脑从而产生令人感到幸福平静的激素。和饮食一样，良好的睡眠也可以促进大脑对于创伤事件的加工，使他们更快摆脱痛苦。如果有学生因为灾后的自然反应而无法正常入睡，或是因为噩梦容易惊醒。那么，可以尝试寻找一些躯体或是呼吸放松方法，在入睡前使用，增强睡眠效果。条件允许可以安排陪护人员，为学生提供必要的安全感。

危机干预工作者应设法营造一个解决问题的对话方式，使学生行为反应更具有常态及有效性，并促进学生情绪的表达和理性的认知，鼓励学生的某些可以减少不开心的行动等。鼓励学生利用可利用的社会支持，如学生间可以讨论互相的感受，联系家长，以获得更多支持。必要时将有心理问题的学生转给专业的心理辅导教师或者心理治疗师。

（四）倾诉与宣泄

校园群体性事件发生后，情绪问题是学生在短时间内直接表现出来的问题。因此，必须注意对学生不良情绪的疏导。负性情感不仅会影响到学生当时地心理状态和行为表现，它还存在一种累积效应。如果负性情绪得不到及时宣泄，长年累月，它将会潜移默化地成为个体人格的一部分。宣泄本身也是一种重要的心理加工，它可以帮助他们更好地应对内心的伤痛。不要勉强自己去遗忘痛苦，这就要求我们借由心理咨询中的技术，允许学生在适切的场所（如心理咨询室）自由倾诉和宣泄，允许他们说出自己的主观猜疑和心理感受。这一环节须由专门的心理辅导人员执行，并要特别注意关注与倾听、情感反应、共情和自我暴露等技术的适切运用（应贤慧，2008）。强调与来访者之间的沟通与交流，使来访者知道工作人员是能够给予其关心帮助的人，愿意尽可能多地将烦恼和困惑宣泄出来。不要去评价来访者的经历与感受是否值得称赞，或是否是心甘情愿的，而是应该让来访者相信这里有一个人确实很关心他，有一个环境确实让他充满安全和归属感。工作人员必须无条件地以积极的方式接纳来访者，即学会接纳无人接纳的人，表扬无人关注的人。同时，也可以结合上面提到的信息提供策略，让学生慢慢建构起合理的认知和归因方式。咨询者必须认识到，在这里引导学生倾诉和宣泄的目的不仅仅是情绪的疏导，而且可以为来访者提供认知方式的改变的必要支持。通常校园群体性事件中受影响的人数较多，波及范围较广，对于大多数师生可以采用团体辅导的方式来进行心理辅导。因为他们经历了同一件事情，在交流和宣泄的过程中更容易引起共鸣，产生比较好的心理辅导效果。而对于那些心理创伤比较严重的学生，个别的心理咨询与治疗是必不可少的，针对他的具体问题，运用一定的心理咨询与治疗技术，才能达到更好的治愈效果。

当然在日常生活中，我们也可以通过一些行为和活动来达到宣泄的目的。周围的教师和学生应该主动多与他们沟通，帮助他们认识到自然的规律和社会的进步，积极参与各种捐款捐物祈福的活动，让他们感觉到大家的温暖。要与他们进行感情互动，倾听他们的心声，让他们把内心的话说出来，使他们重树自信。更重要的是，在生活和学习上主动关心他们，无需太多的言语，只要静静地站在他们身后，让他们感觉到我们与他们在一起。做一些积极的有益的事情，无所事事只会让我们在空虚中深陷痛苦回忆中无法自拔。适当地从事一些力所能及的劳动或学习，是非常有必要的。除此之外，他们以前拥有的兴趣和爱好也可以被充分利用，帮助他们转移注意力，产生更多积极的感受。

这里介绍四种实用的技术：

1. 紧急意外事件压力经验分享（Critical Incident Stress Debriefing，CISD）

CISD 通常在危机事件发生后约 24 小时内进行，包括前言阶段、事实阶段、感受阶段、症状阶段、教育阶段和返回阶段。在前言阶段，心理工作者要与学生订立 CISD 团体的目标、过程和保密、不评价等基本原则，尽量不讨论一些关于群体性事件的敏感问题。然后开始事实阶段，需要学生叙述其所经历的创伤事件，包括从各自的角色和所在的时空中所见所闻的种种信息，伴随事实回忆的，是创伤者的一系列的情绪体验，以及对生理症状的记忆与感受。此时，心理工作者要适时介入，鼓励并引导学生将最痛苦的情绪表达出来。接着，心理工作者要告诉学生创伤反应的正常性，并在最后进行总结。CISD 可以使群体内成员及时获得同伴的共情，形成情感“同盟”，从而缓解创伤群体的应激反应（应贤慧，2008）。

2. 引导想象（Guided Imagery）

引导想象法实际上在 CISD 中的事实阶段、感受阶段就已得到运用，这里主要强调该技术在个别辅导中的应用。引导想象的主要目的是重现并完整地经历创伤，最后达到心理创伤的愈合。可以让学生在头脑中再现群体性事件的具体情景，并再次体验当时的认知、情绪和行为状态，使创伤者在最初创伤的我和此时的我之间建立完整的链接，进而依托自身的潜在康复力量，重建自我，逐渐恢复健康。这里需要注意的是，对于小学生的引导想象，可能会遇到阻抗。这时，可以结合画画和讲故事等技巧，如让他画一幅与群体性事件有关的画，讲述一个与事件有关的故事，从而引领他进入对创伤事件的想象（应贤慧，2008）。

3. 空椅子技术

空椅子技术是指心理工作者为了处理来访者个人内部或与他人之间的冲突，使用不同的椅子代表来访者个人内部或与他人之间不同的冲突力量，并使他们之间进行模拟对话，让不同的力量由冲突达到协调，进而使来访者的人格得到统整，与外在环境和谐相处（刘宣文，2004）。此时，可以借助一把空椅子来代表群体性事件中对自己有影响的某个人，把想对他表达的心里话说给椅子听。空椅子技术就是借助椅子来虚拟出一个角色，让来访者通过这个渠道，把内心的挣扎和矛盾倾吐出来，表达出压抑的情感，补全心中缺口的情节，进而使自己的心理得以完形和复原。这里同样可能遇到学生阻抗的问题，因此，心理工作者要考虑作好恰当的示范。这种技术在遇到自杀或有人员伤亡的灾害性事件时尤为适用，对于在事件中去世的同学或教师，我们可以引导学生这样说：“某某同学（或教师），你的突然离去，我非常伤心，我现在想要和您说……”（应贤慧，2008）

4. 主动集中技术（Active Focusing Techniques）

主动集中技术是让学生的注意力保持在特别的问题领域（B. E. Gilliland，2000）。注意力的转移，可以有两方面的效果：①防止陷入歪曲的认知结构和思维模式中。在危机干预临床中，会碰到个别案例，他会将亲人、同学的事故与自身进行主观的联结，认为他们的去世是自己没有及时施救或其他原因导致的，因而非常痛苦。这时，心理工作者只有帮助其跳出原有的非理性思维，才能有效缓解其哀伤、愤怒等情绪。②转换大脑情绪兴奋中心，使学生逐渐摆脱自动化的消极情绪，增强情绪的把握能力。该技术较为常见的操作是，指导学生将注意力转移到如何抚慰事件死伤者家属，如何对事件破坏性后果进行有效处理等建设性问题上来（应贤慧，2008）。

（五）后期跟踪

即使学生们的认知、情绪和行为上的问题已经解决，也并不意味着一切不良影响都已过去，情感上还要经历“挫伤后的愈合”，应从更积极的角度促使自己的人格升华，以形成更健全的人生观和价值观。所以，在一定时间内建立善后系统也是非常必要的。应对他们的学习生活进行妥善安排，帮助他们建立良好的支持系统，引导其他同学避免与其发生激烈冲突。应安排相应的教师对他们密切关注，了解其心理变化情况，并通过学生干部、信息员等随时了解其心理状况。学校要根据具体情况，组织专家以预约咨询或随访咨询的形式，对学生的心理健康状况进行跟踪测评，并将测评结果及时反馈。同时，也可以使用支持性干预及团体辅导策略，通过班级辅导等方法，协助经历危机的学生正确总结和处理危机遗留的心理问题，尽快恢复心理平衡，并跟踪调查，尽量减少由于危机造成的长时间的负面影响。

（六）具体辅导方案举例

近几年来，世界各地地震频发，地震过后，面对亲人、朋友、同学的离世和受伤，面对家园和校园的损毁，许多人都会出现心理创伤反应，表现为闪回、过度警觉、回避等。地震直接造成受灾者极度的害怕和恐惧，他们高度警觉，有任何的风吹草动都会以为是地震再度爆发，精神一直处于高度紧张的状态，注意力难以集中，不愿意但又不可回避地要去回忆地震的情景。否认事件的发生，感觉像是做了一场梦一样，完全没有办法相信眼前发生的一切，希望能够回到从前那样的生活。对生活也失去信心和希望，觉得什么都没有了，不知道以后究竟何去何从，或者不知道未来究竟该如何。儿童和青少年在这样重大的灾难事件面前会更加无助和惊恐，需要给予及时的心理疏导，尤其是团体辅导效果最好。团体辅导的重点可以放在反应的正常化、负面情绪的宣泄、放松训练、自我支持和相互支持等四个方面。同时根据不同年龄阶段的学生又有所侧重。

面对这类校园群体性创伤事件，我们分别以小学生和中学生为例，列举两个团体辅导的方案。

【针对小学生的团体辅导方案】

团辅目的：

1. 让孩子学会将自己的情绪表达和释放出来，并且学会如何应对和处理他们现在可能遇到的问题。

2. 给孩子提供一个安全和安心的环境，让他们感受相互之间支持和关怀的力量，教授一些简单易行的放松训练技巧。

团辅过程：

1. 自我介绍

结合团辅对象是儿童，年龄小，组织者和助教应尽量以生动活泼的方式进行简短的自我介绍，譬如可以以一种大哥哥和大姐姐的口吻自居，让孩子感到亲切，缩小与他们之间的距离。如果参加团辅的孩子不是来自同一个班级或是之前不熟悉，可以用以下方式进行自我介绍：由领导者带头，选一个可爱的毛绒娃娃，投给其中一位成员，被扔到的那一位同学要作简单的自我介绍。可以简单介绍一下自己的情况，如姓名、年龄、性格、爱好等，要求下一位成员在进行自我介绍之前，要把上一位成员的情况记住并给大家简单复述一遍。通过这样的方式，让孩子们相互之间熟悉起来。如果参加团辅的孩子来自同一个班级或是已经相处过一段时间彼此之间有一定认识了，则可以进行猜猜他是谁的活动，让大家有更深一步的了解：每位成员先在纸上画出自己的自画像，再写下自己的特点、爱好等信息，把纸折起来放在一起，领导者随机抽取一张朗读，成员们猜这个人是谁，再让他描述自己的自画像。

2. 热身活动

由领导者带领大家进行一套简单的热身操——“左三圈，右三圈，脖子扭扭，屁股扭扭，早睡早起，我们来做运动”（健康歌），以此来调动孩子们活动的积极性，活跃整个团队气氛。

3. 表情识别游戏

将事先准备好的几张表情图片（包括悲伤、愤怒、害怕、开心等）呈现给孩子们，大家一起来识别这些表情，让孩子们学会把自己的一些情绪和情感表达出来，不要憋在心里，那样会生病的。告诉孩子们：“大人们常说喜欢哭闹的孩子不坚强，其实这是不对的，当你想哭的时候就大声哭出来吧，如果憋着的话，会憋出病来的。同样地，如果感到害怕的话，也要告诉你的父母和老师，要勇敢地表达出来。只有你表达出来了，你的爸爸妈妈或老师同学才能知道你们现在感受到了什么，你们要什么，应该怎么来安慰你们。”这一环节，主要是想让孩子们明白他们要学会把自己的感受表达出来，不要憋着。让他们知道不管自己是开心还是难过，都应该学会与人分享，可以找他们信任的人进行倾诉和寻求帮助。

4. 画出心中的恐惧

让孩子在吹好的气球上画出自己最害怕的物体或情境。然后逐一分享：最害怕的是什么？有没有什么好办法可以把这些恐怖的东西去掉？如果你拥有魔法，你希望这些恐怖的东西变成什么样子？最后，用小棒将气球戳破，代表着自己用魔法棒消灭恐惧。

5. 小猴子与小河马的故事

组织者和助教配合来演一个故事，助教套上一个小猴子的手偶扮演小猴，和主持人进行对话。小猴告诉主持人他最近睡不好、常做噩梦、容易受惊吓、爱哭、吃不下东西等一系列儿童可能出现的一些反应，这时主持人需要表示自己也有同样的感受。这样做能够引起小朋友们的共鸣，同时也让他们发现原来并不是我一个人是这样的，其他人也有这样的反应。为了寻求解决办法，主持人和小猴一起去寻找小河马，因为小河马知道怎么办。于是，主持人呈现一套小河马的连环画，以讲故事的方式生动形象地教会小朋友如何去解决他们现在遇到的问题。主要有四个办法：安安心心、尽情表达、相互关怀、勇于挑战。安安心心就是指要给小朋友讲解一些正确的地震知识，如地震是怎么发生的，等等，让他们形成对地震相关知识的科学合理的认识，因为之前很多小朋友都会错误地认为：是因为我不乖或者是我做错了什么，所以老天要惩罚我，所以地震了。这些观念应该帮助他们纠正过来，有了科学合理的认识后，就能树立正确的观念了，从而让他们有安全感和安心感；尽情表达的理念有点类似于表情识别游戏中教小朋友学会如何把感受表达出来，不要憋着，小朋友可以找他们信任的人表达，如果小朋友不能说出感受也可以通过画画和写的方式表达出来；相互关怀就是要教会小朋友彼此之间相互帮助，相互支持，在这时可以教会小朋友一些两个人互动的放松方法以及呼吸放松法；勇于挑战就是要告诉小朋友，等这段时间过去后，勇敢的迎接挑战，把困难一点点变小，迎接新的生活。

6. 同心圆和“哈哈”功

活动结束的时候，大家围成一个圆圈，手拉手唱一首很有感染力的歌（如《隐形的翅膀》）。最后，以“哈哈”功结尾，“哈哈”功操作很简单，但极具感染力，很能使人开怀大笑，值得推广。操作即一个人带领大家一起“哈”“哈哈”“哈哈哈”……

【针对中学生的团体辅导方案】

团辅目的：

1. 缓解地震后的恐慌、焦虑、无助、无意义感等不良情绪；

2. 将学生地震后的认知合理化；

3. 学习放松的方法，同时在互相支持中能静下心来集中注意力学习。

团辅过程：

1. 组织者和助教进行简单的自我介绍并介绍本次团体辅导的目的、自由性及保密原则。

2. 团员自我介绍：

通过“戴高帽”的活动来进行自我介绍，让成员之间彼此熟悉和了解，调动团体气氛，营造一种相互支持和信任的团体氛围。“戴高帽”活动简介：要求成员先介绍一下自己的情况，如姓名、年龄、性格、爱好等，然后再讲一个自己的缺点，然后其他成员都必须帮助他提一个优点，这样依次下去。通过这个活动同学相互之间加深了认识，并且听到别人那么多由衷的赞美，可能很多是自己以前没有发现的，进而激发同学参加活动的热情，增强对团体的认同感和信任感，通过这个活动可以让同学感受到我在这个活动中是受到关注的、被支持的、被理解的。

3. 热身活动：

心有千千结——成员先围成一个圈，相互拉手，记住自己左右手拉的是谁，然后解散，在划定范围内乱跑，引导者喊“停”马上停住，伸出手拉刚才拉的人，这样就形成了一个复杂的结，接下来集中集体的智慧将这个结解开。通过“心有千千结”这样一个小活动，在建立关系和破冰的基础上把话题从有形的结引向无形的结，通过解结活动使大家感受到生活中和学习中也有许多结，只要我们努力都可以解决。

4. 发牢骚

通过问题“大家近段时间在生活、学习各个方面有什么压力和不满”引出大家近段时间感受到的负面情绪，其中自然就涉及团队成员关于焦虑、注意力不集中、人际交往、地震后创伤反应等话题，通过口头宣泄使大家的不良情绪得到一定的发泄。

5. 放松训练

这个环节主要有两个目的：一是让学生掌握一些放松的方法，在以后的生活中也可以灵活运用；二是让学生以一种放松的状态进行下一步的活动。

具体操作时可以根据当时的情况选择四种合适的放松方法：

(1) 腹式呼吸法。

同学们以很舒服的姿势坐好。双肩自然下垂，调整你的呼吸，闭上眼睛，将注意力转移到你的呼吸上。

吸气：用鼻子吸气，用力吸气，气体通过鼻腔进入腹部。把手放在腹部，感到腹部慢慢鼓起来。直到自己不能再呼入气体。(给自己暗示：现在，我将新鲜、洁净的气体吸入体内)

屏气：用力屏住呼吸。体验着体内的浊气与新呼入的气体进行交换。

呼气：用嘴和口同时将体内的气体大声呼出去，嘴巴成O型，同时伴有"呼……"

(2) 想象放松法。

要求团员放松坐好，根据组织者给出的指导与配合想象来放松身心。常用的指导语如：我静静地俯卧在海滩上，周围没有其他人，我感受到了阳光的温暖照射、海滩上柔软的沙子，我全身感到无比的舒适，微风带来一丝丝海的味道，海涛有节奏地唱着自己的歌，我静静地，静静地聆听着这永恒的波涛声。组织者的指导语要注意节奏和语调，配合对方的呼吸，指导语的内容不限，只要使人感到舒适、惬意、轻松，譬如一些意境优美的散文，配上节奏舒缓的乐曲，也能起到很好的效果。组织者也可发挥创造力，自己编写指导语。

(3) "接纳冥想"与"意象对话"综合体。

"好，大家听着指导语，跟着我来做。现在，请大家选一个最舒服的姿势坐好，慢慢地把眼睛闭上，将你的注意力集中在你的呼吸上，不要受外界的干扰，很好。用鼻子用力地吸气，将手放在腹部，感觉到腹部慢慢地鼓起来，直至不能再呼入气体，好，用力将体内的浊气呼出去。我们再来一次。吸气，直至不能再吸，屏住呼吸，好，呼气。这个时候，我们走进一个阁楼里，在楼梯的拐角处，那儿摆放着一面镜子，灯光昏暗，你看不清楚里面是什么，于是，你走近去看，仔细地往镜子里面看，往镜子里面看。你看到了什么，你要注意你看到了什么细节。你看到的是你自己，你走近自己，抱住自己，拍着自己的背部，说："我知道我现在很难过，我现在很紧张，我接纳我自己的这份紧张，我接纳这样的我，我接纳这样的自己，我的一切表现都是正常的。我可以理解现在的我，现在的自己。我能够接纳我的一切。现在，我们把眼睛慢慢地睁开。"进行完后，由助手引导他们谈谈在镜中看到了什么，然后再对他们看到的内容进行专业分析总结及辅导，并问他们感到放松了吗。

(4) 协作互助放松训练法。

两人形成一个小组，一人以舒服的姿势坐好，另一人则站着，将双手放在他的肩部。慢慢地，坐着的人发现肩部开始变得温暖，然后，心也变得温暖起来，原来你不是孤独的一个人，还有人陪着你。当感觉到这份温暖后，这时坐着的人，将双肩耸起，用力耸，直到不能再耸起。好，坚持一会儿，注意自己的呼吸，用刚才我们所学的呼吸法，伴随着呼吸，好，坚持。好，现在可以放松。肩部瞬间恢复原位。我们再来一遍。

6. 合理化认知

做完放松训练后，同学们的身心基本上都能恢复平静，那么此时可以将“发牢骚”环节中出现的一些问题和不合理的观念合理化。在此过程中，可以传授一些正确的心理学知识帮助同学们树立一些合理的观念。比如，讲解一些震后可能出现的反应，包括闪回（地震及其相关记忆的）、过度警觉、回避、丧失反应、日常生活应激反应、注意力难以集中、失眠、情绪易波动等一系列可能出现的反应，让他们认识到这都是正常的，一般说来，大部分人一两个月后这些反应都会消失的，还可提供一些相应的应对方式，试想如果这些情况出现在自己身上或你身边的亲朋好友身上时，你怎么做比较合适。

7. 相亲相爱的“同心圆”

大家全部站起来，相邻的同学将手拉起来，感受来自团体的温暖。伴随着《相亲相爱一家人》的音乐，大家体验着“我们是一个团体，我们可以相互支持”。活动的结尾大家手拉手合唱《相亲相爱一家人》，用歌声告诉大家，不管发生什么，我们的心都会永远在一起，我们将带着对彼此的祝福迎接未来的新生活，最后感谢大家带着勇气和真诚来到这里，真诚地分享大家的感受和体验，我们永远是一家人。

如果参加团体辅导的成员有亲人或朋友去世，可以插入一个小小的纪念仪式，如每人将想对逝者说的话写在一张纸上，一起焚烧；或是每人发一朵菊花，双手合十，拿着菊花，闭上眼睛心中默念想说的话，让成员感谢逝者在世时的陪伴和爱，并答应会好好生活下去。

第八章 学校危机事件的预防预警

一、学校危机事件的预防体系

在校园危机事件越来越频繁发生，并造成越来越恶劣影响的今天，许多学校都开始重视并采取措施加强校园的安全建设和管理。无疑这些举措在一定程度上起到了预防和减少诸如意外事故、校园暴力等危机事件的作用。然而，仅仅是加强校园安全管理是不够的，有的危机事件比如说学生自杀，就不能用简单的校园安全管理来达到有效的预防作用，它需要有一套有效的预防体系。

校园危机事件的预防应该采取三级预防体系，即高级预防、中级预防和低级预防。高级预防指的是通过各种途径，提高学生的心理健康水平，增强其抗挫折能力、应急能力以及解决问题的能力等，以从源头上防止校园危机事件的发生；中级预防指的是对潜在问题的甄别与处理，属于危机预警的范畴；而低级预防则指的是第一章中危机处理部分的内容。

（一）建立校园危机事件预防体系的意义

1. 建立校园危机事件预防体系，立足于学生心理健康水平发展的实际

校园危机事件的发生，一个重要的原因就是学生的心理素质和抗挫折能力较差，在遇到困难时不能选择正确的行动。现阶段，我国的学校包括中小学和高校，除了重视知识文化水平的提高，也越来越重视学生心理素质的加强，相关调查显示，我国的中小学生和大学生的心理健康状况普遍良好，但仍存在一些问题。独生子女政策的实施，使得部分家长过分溺爱孩子，不利于孩子独立性的发展，容易造成他们极度自我中心的倾向；许多孩子在成长中没有经历过挫折，抗挫折的能力和解决问题的能力较差，在遇到问题时显得

极为脆弱，容易出现极端行为；高校扩招导致资源分配不足、社会竞争加大的趋势也给大学生甚至中小学生带来极大的压力；加之西方文化的盛行，冲击着我国的传统文化，功利主义、个人主义的观念都对学生的心理健康产生了极大的影响。

学生的心理健康水平直接影响着其学习和生活的质量，为保证广大儿童和青少年学生的健康成长，也为了防止校园危机事件的发生，维护学校和社会的稳定发展，有必要建立校园危机事件的预防体系，更加重视学生心理健康水平的提高。

2. 建立校园危机事件预防体系，是和谐社会发展的时代要求

发生在校园的危机事件，由于其主体活跃性和敏感性等特征，危机事件的影响极易扩大，也十分容易引起社会各界的广泛关注。为避免校园危机事件的发生造成不良的社会影响，为了我国社会的健康和谐发展，有必要建立校园危机事件的预防体系，采取各种措施提高学生的心理素质，建设和谐文明的校园文化，防范危机的发生。

3. 建立校园危机事件预防体系，是学校稳定发展的要求

学生的学习和生活、教师的教学活动和科研活动，都需要有一个稳定的、安全的环境，建立校园危机事件的预防体系，提高学生的心理素质和学校防御危机的能力，就能维持学校的正常教学秩序，就能维护师生的合法利益，就能为学生和教职工的学习和科研活动提供一个良好稳定的外部环境，有利于学校的稳定发展和人才的培养。

（二）建立校园危机事件预防体系的原则

1. 以人为本

建立校园危机事件的预防体系，不应该只着眼于学校的声誉和发展，而是应该以人为本，以学生和教职工为本，真正关心学生和教职工的成长和发展，为师生谋求一个稳定安全的生活学习环境。

2. 长期性

校园危机事件的预防应该是一项长期的工作，有些学校只在本校或其他学校发生了危机事件后，或是因为害怕危机对学校，或对学校的领导层造成不好的影响，或是为了应付上级部门的检查，才应时性地紧抓危机事件的预防工作，待检查过后，相关工作马上就会停下来，这样的危机预防工作不但没有起到预防危机发生的有效作用，反而是浪费人力物力的面子工程。因此，我们应该把校园危机事件的预防看成学校管理中的一项重要的和长期的任务，

有制度、有计划地落实相关的工作，这样才能真正达到防范危机事件发生的作用。

3. 综合治理

校园危机事件的预防，不只是学校领导层的事情，危机事件的形成原因和影响范围很广，涉及广大学生、教职工、家长甚至是周边社区的居民。既然建立校园危机事件的预防体系是为了保障师生的利益，那么更应该让广大师生、家长和周边社区人员加入到危机预防的工作中来，保证他们对危机事件和危机预防工作的知情权，对他们进行相关培训，听取他们的建议意见，扩大校园危机事件预防体系的参与主体，以增强预防危机的主动性和有效性。

（三）校园危机事件预防体系的构建

1. 多种形式开展心理健康教育

校园暴力、自杀、意外伤害和群体伤害等校园危机事件的实施者，都存在着不同程度的心理问题，其抗挫折能力、应急能力、分析问题和解决问题的能力、自我调控的能力不足，以至于在遇到困难时作出错误的选择，造成危机的发生。

学校必须重视学生的心理健康状况，通过多种途径开展心理健康教育，如开设心理健康教育课、邀请专家开设心理健康专题讲座、开展心理健康知识竞赛和征文比赛，还可以通过海报和宣传册等宣传心理健康方面的知识。

心理健康教育的内容，可以包括自我认识、学习和考试心理、恋爱心理、交际心理、性心理、职业危机教育等方面的内容，应根据学校和学生的不同情况设置。通过开展心理健康教育，使得学生的心理素质得到加强，也学会了应对问题的技巧和自我调适的方法，这样就从源头上阻止了校园危机事件的发生。

2. 建立强有力的支持系统

危机发生后，我们经常可以听到类似的话“如果我多陪他/她聊聊天就好了”“如果当时有人说能理解他/她，也许事情就不会发生了”“如果他/她家出事后，能有个人听他/她哭诉，他/她也不至于走上这条路”。许多实施校园暴力或自杀的学生，就是在遇到挫折后，缺乏解决问题的经验，也没有可供利用的资源，没有可以提供建议和意见的人，而不知所措，才采取了极端的行动。

据调查，校园危机事件中，有周密计划的不多，大多属于激情行为，即学生由于一时的情绪冲动而采取行动。学生尤其是中小学生，缺乏社会经验，容易受到他人的诱导，除了开展心理健康教育，提高学生的应对危机的能力之外，学校应当为学生建立起强有力的支持系统，这套支持系统应当包括宿舍成员、班集体、班主任或辅导员、家长、学校心理健康中心甚至包括周边社区的居民，当学生遇到困难和挫折时，他们可以寻求这些人或机构的帮助，可以找到宣泄情绪的地方，可以得到恰当的建议，让他们感到自己不是孤单的，困难是暂时的，极端的行动是不必要的。

当然，为了使这套支持系统发挥作用，就需要通过各种方式提高宿舍成员的融洽度，增强班集体的凝聚力，对相关人员进行培训，与家长取得密切联系，建立有效运行的心理健康中心，还应采取措施为学生的学习生活创造良好的周边环境等。

3. 重视思想道德教育和法制教育

学生时代是个体的人生观、价值观、世界观形成的重要时期，应该开展思想道德教育，帮助学生形成正确的人生观、价值观和世界观，用先进的思想武装学生，使奋发进取的学习氛围弥漫校园，为学生的学习和生活提供良好的校园环境。另外，应开展珍爱生命的教育，帮助学生理解生命的价值和意义以及公民的责任。

一些学生，尤其是中小学生由于不懂法而做出违法的行为，所以有必要开展法制教育，通过上课、讲座、竞赛等多种形式，增强学生的法制观念，为社会培养懂法、守法的好公民。

现有的思想道德教育和法制教育，多采取上课的形式，由于内容较为枯燥，极大地挫伤了学生学习的积极性和主动性，当然不能取得预期的教育效果。因此，要提高此类教育的实效性，可以通过游戏、参观相关机构、进行实践活动、作调查等形式，增强思想道德教育和法制教育的趣味性，使得学生真正掌握相关知识。

4. 完善帮困助学体系

家庭经济困难的学生，由于其自身可能存在自卑心理，其可利用的社会资源也相对较少，遇到困难时更加容易出现极端行为。因而学校应完善帮困助学体系，通过设立助学金、建立勤工助学中心等形式为家庭经济困难的学生提供帮助，更加关心他们的成长和发展，防止少数敏感脆弱的学生在贫困等原因的刺激下采取暴力行为或自杀行为。

5. 进行民主管理，依法治校

学校中存在学生因为不满意学校的管理而采取极端行动的现象，因而学校应当依法治校，把学校的日常工作制度化、规范化，并经常检查学校管理的漏洞，可以设立意见箱或校长信箱等，让学生参与到学校的管理中来，鼓励学生和教职工对学校的管理提出意见和建议。

6. 建立有效运行的校园危机预警体系

以上所述关于提高学生心理健康水平和应对危机的能力，属于高级预防的范畴，无论高级预防的工作做得多好，危机事件依然可能发生，这就需要建立有效运行的校园危机预警体系，及时识别和发现危险因素，并作出相应处理。

二、学校危机事件的预警体系

预警（early-warning），即在灾害或灾难以及其他需要提防的危险发生之前，根据以往总结的规律或观测得到的可能性前兆，向相关部门发出紧急信号，报告危险情况，以避免危险在不知情或准备不足的情况下发生，从而最大限度的减低危机所造成的损失的行为。

校园危机事件的预警，即识别并有效关注高危人群，通过对相关信息的分析和研究，及时发现和识别潜在的或现实的危险因素，采取防范措施，减少危机发生的可能性，将可能发生的危机的影响控制在最小范围。

（一）建立危机事件预警体系的意义

1. 大多数危机事件在爆发前可被预见

有调查显示，约95%的大学校园自杀者的自杀倾向在事发前是为其同学、朋友、家人所清楚觉察或猜想到的，往往是麻木的观念和侥幸的心理使这些身边的人没有尽力作出挽救当事人的现实努力；而约有37%的大学校园自杀者曾经求助过心理健康教育机构，因为当事人心理问题的严重性没有得到客观评估，或者专业水准的心理干预的缺位使得本来可以化解的悲剧未能幸免。

可见，危机事件并非无迹可寻，面对危机事件我们也并非束手无策，完全可以通过建立危机事件的预警体系，及时地察觉到危机的存在并作出判断，进而以专业化的心理危机干预队伍制订并实施应急方案，积极地应对校园危机事件，避免灾难的发生对当事人和学校造成无法挽回的影响。

2. 建立校园危机事件的预警体系具有极大的经济效益

危机事件预警是一项具有很高的经济效益的活动，据第三届国际预警大会的资料显示，预警机制的收益是投入的2至4倍，如果人们投资400亿美元用于危机预警，那么20世纪90年代世界范围内因自然灾害造成的经济损失将减少 2 800 亿美元。

对于校园危机事件预警体系可以达到的经济效益还没有相关的调查数据，但可以肯定的是，危机预警体系的有效运行可以在很大程度上避免危机事件的发生，进而将大大地减少危机事件给学校和社会所带来的人员伤亡和经济损失。

3. 建立校园危机事件的预警体系具有极大的社会效益

一方面，学校的危机预警体系能够减少人员的伤亡和财产的损失；另一方面，有“危”必有“机”，校园危机事件预警体系的建立和有效运行，必能凸显学校的管理能力及对于危机事件的调控能力，能够增强学生和家长对于学校管理的信心，能够增强全体师生的凝聚力，能够提高学校的声誉，还有利于和谐健康的校园文化的构建。

（二）建立校园危机事件预警体系的原则

1. 以法律为依据，依法治理

学校的治理必须以法律为依据，危机预警体系的运行也是有法可依的，从信息的搜集到应急方案的制订，再到权责的分配，都必须循法而行。依法治理的原则是权力运行必须遵循的最基本的原则，只有以法律为依据，才能保证学校治理体系的运行不至于偏离师生利益和合法权益的轨道。

2. 以学生的利益为出发点

以人为本，注重保障学生的利益，尤其是心理危机的主体，其本身十分脆弱，应从专业视角出发，引导其作出改变，为其提供强有力的支持系统，还应注意保证其隐私权受到应有的保护。

3. 及时作出反应

一旦检测到潜在危险因素的存在，就应当及时作出反应，包括对信息作出评估和判断，制订处理方案以及实施处理方案等。危机事件常在瞬间发生，如果不及时对搜集到的信息作出反应，随时可能导致不可挽回的损失。

（三）校园危机事件预警体系的构建

1. 设立危机预警的组织机构

现阶段的情况是，许多学校只在危机发生后作出反应，这种反应带有临时性和应急性，经常出现各个部门推脱任务或各自为战的情况，因而不能取得良好的干预效果。因而，有必要组建一个常设的危机事件预警的组织机构，其中包含危机预警的领导机构和执行机构，以保证整个危机预警体系的运行畅通，各部门权责分明，在危机预警中统一行动。

危机预警的组织机构的设立，使预警体系有了统一的指挥和调度，将使危机预警体系朝着制度化、规范化的方向运行，更好地维持学校秩序和保证师生利益。

2. 建立危机预警指标体系

指标，是指反映某一现象或事物的数量、质量、类别、状态、等级、程度等特征的项目，是判断某现象或事物在准则、价值和目标等方面表现的依据，是一种具有普遍意义的综合指数。指标具有具体性、可度量性、代表性、易于解释性等特点，具有反映功能、监测功能、比较功能、评价功能、预测功能和计划功能。对于不易于定量测量的人的心理和行为，指标能够较直观地提供具体的信息。

把能够说明预警对象特征的几个相互联系的指标分类组合，就形成了预警的指标体系，预警指标体系具有监测预警对象和风险评估的功能，使得危机预警的过程更具科学性和可操作性。

校园危机事件的预警指标体系，就是把可能导致危机发生的事件和当学生遭遇到心理危机时可能产生的认知、情绪、行为反应的变化，用可操作可观察的指标分类组合，以此搜集和判别预警对象的信息，并根据这些信息作风险评估，制订应急预案，防范危机发生。

学生心理危机的预警指标可以包括人际关系指标、学习成绩指标、情感稳定性指标、疾病史指标、躯体状况指标、家庭状况指标、可利用的社会支持、行为变化等，需要根据不同年龄段的学生群有针对性地作具体条目的制定。

危机预警指标的设立是校园危机事件预警研究中的薄弱环节，相关研究较少，我们认为，预警指标的设立，一方面要能准确反映学生心理危机的实际情况，另一方面要便于观察和操作。可以设定简易和专业两套预警指标，前者供非专业人员，如普通教师、行政管理人员、后勤服务人员、学生等参考；后者供专业人员，如心理咨询专职教师、医务人员等参考。非专业人员根据简易预警指标反馈信息，专业人员依据专业指标进行信息的评估。

3. 重视学生心理健康状况普查，并及时更新学生心理健康状况电子档案

目前，大多数高校都使用相关量表开展新生心理健康状况调查，根据调查的结果，筛选出可能出现心理危机的高危人群，对他们作新生访谈和跟踪处理。然而开展心理健康状况普查、建立学生心理档案的工作在中小学没有得到足够的重视，即使开展了相关的调查，由于缺乏专业人员对资料作评估

和处理，新生心理健康调查没有发挥其应有的发现潜在危险信息的作用，这样就失去了一个掌握学生心理健康状况第一手资料的机会，这是应该引起学校注意的。

另外，即使是在高校，也只是注重针对新生的心理健康调查，以后的跟踪和干预等措施的实施，很多是建立在新生心理测试的结果的基础上的。新生由于刚刚进入一个新的学习和生活环境，和不同的人打交道，教师的教学方式，学习的方式和内容与以前有极大的差别等原因，会出现一些不适应，出现一些压力或情绪的不稳定，这些心理的异常将在新生心理测试中显示出来，然而这些心理的不适应很多是暂时的，许多学生能够很快地调整过来，投入新的学习和生活中去，如果一直以新生的心理测试结果为依据作跟踪调查和访谈，极易引发这部分学生的反感情绪，对他们的学习和生活造成负面影响，甚至出现源于错误心理干预的心理问题。另外，有些学生的心理问题可能被新入学的新鲜感和适应新生活的忙碌所遮掩，未在新生心理测试的结果中显示出来。为了避免一次性的新生入学心理调查产生的弊端，我们一方面需要提高学校心理健康中心的专业水准和服务水平，另一方面需要挖掘更多渠道来获取学生心理健康状况资料的方式方法，还要经常性地更新学生的心理健康状况电子档案，如采取每学年进行一次心理状况调查，进行针对毕业班、高考班的调查，在学校或社会发生了突发事件后作心理调查等方式。

需要注意的是，许多学生不能够重视心理健康调查的作用，或由于担心隐私被泄露等原因，在调查时没有填写真实资料，这样不仅造成了学校人力物力等资源的浪费，更是阻碍了学校对于信息的搜集和处理，如果因此错过了信息处理的最佳时机，则可能导致灾难的发生。因而学校有必要加强对于心理健康状况调查的目的和作用的宣传，加强学生的隐私权受保护等相关资料的宣传，促使学生认真填写真实资料，保证信息搜集过程的顺利。

4. 建立重点学生心理档案

建立重点学生心理档案，并对这些学生进行动态管理，及时了解其心理健康的发展状况，这样，对于高危人群的关注，就能提高危机预警的准确性。

以下八类学生应被纳入高危群体，进行重点关注：

（1）学习困难生。无论是小学、中学，还是大学，学习都是学生最重要的任务，学习压力过大，学习成绩不良，很容易造成学生的心理和情绪异常，中小学阶段的学生尤其如此。

（2）人际关系不良的学生。与同学发生矛盾冲突，或是没有朋友，或是与周围的同学不能很好相处，尤其是处理不好与同寝室同学的关系的学生，他们的学习和生活会受到不同程度的影响。而对于那些因为人际关系问题或恋爱问题已经出现了心理和行为异常的学生，更应该引起特别的关注。

(3) 父母离异或单亲家庭的学生。相对于正常家庭成长的学生，这类学生在成长中可能存在爱的缺失，他们有些可能会产生孤僻、敏感、自卑等心理。

(4) 近期遭遇重大变故的学生。如亲人去世或患病、家庭经济出现问题、遭遇自然灾害、学生本身遭遇危机，这些变故对于学生来说都是重大的挑战，他们容易产生心理的应激状态，若处理得好，则能促进其成长和发展，处理得不好或没有得到足够的重视，则可能导致心理危机的发生。

(5) 贫困生。贫困生的数量逐年增长，他们中的小部分学生可能产生自卑心理和情绪的不稳定，因为贫困问题而产生心理危机的例子也有很多，应给予足够重视。

(6) 有躯体疾病的学生。身体上的疾病一方面给学生带来痛苦和生活学习的不便；另一方面容易引发自卑、愤怒的情绪，需要引起重视。

(7) 有家庭精神病史的学生。

(8) 曾经出现过不良行为的学生。如曾经伤人，或有暴力行为，或有自杀未遂史的学生，尤其应引起关注，防止相同的事件再次发生甚至扩大。

对于符合以上一项或多项的学生，应作为重点关注对象，建立重点学生档案，进行动态管理。可以通过个案咨询、团体辅导、强化其支持系统等方式，协助他们走出心理困境，恢复正常的学习和生活。

5. 建立三位一体的信息汇报制度

危机信息从哪里来，怎样搜集资料，这就是危机预警中信息传递的问题，危机事件预警体系中信息系统是非常重要的部分。

三位一体的信息汇报制度，指的是班级心理委员——班主任/辅导员——心理健康中心的信息传导机制。

(1) 心理委员。每班设立1~2名心理委员，在学院负责学生心理健康教育的教师的指导下开展工作。心理委员的任务，一是在班级宣传心理健康的知识；二是根据相关指标观察班级同学的心理和行为状况，如有发现情绪不稳定、行为异常或遭遇突发事变等的，及时向班主任或辅导员汇报，同时也可以对这些同学进行朋辈咨询，为他们提供心理上的支持。心理委员本身是班上的学生，和大家一起学习和生活，最容易发现同学的心理异常，所以现在许多学校都设立了心理委员，并取得了一定的成效。需要注意的是，心理委员所汇报的信息是第一手的直接资料，信息的准确性直接影响到危机预警的结果，为了保证信息的真实性和有效性，首先要对心理委员进行严格筛选，要选择人际关系较好、责任心强、观察力敏锐的学生，并且要对他们进行专业培训，教导相关的心理健康的知识和心理异常的指标的知识，以提高他们工作的成效。

（2）班主任/辅导员。心理委员把班级同学的异常状况报告给班主任或辅导员后，班主任或辅导员应对这些信息进行整理评估，然后上报给学校心理健康中心。班主任或辅导员应该结合思想政治工作和心理健康教育工作各自的优势，开展心理健康教育工作，促进学生心理素质的提高。另外，我国中小学多数采取班主任制度，班主任与学生的联系较为紧密，对学生的情况了解得较为全面，所以他们可以把心理委员汇报的情况和自己观察到的情况结合起来，作相应处理；而我国高校大多采取辅导员的形式，辅导员平日需要处理的资料较多，且与学生的联系相对不够密切，故而辅导员向心理健康中心汇报的信息，多为心理委员所获得的信息，这样就可能导致信息不够全面和准确，这是需要注意的。

（3）心理健康中心。学校心理健康中心是进行校园危机事件预防预警的主要执行机构，除了指导开展心理健康知识的宣传工作外，还要负责危机信息的搜集、分析、评估和处理的工作。班主任/辅导员把危机信息汇报到学校心理健康中心，心理健康中心要对这些资料进行整理和分类，对信息进行评估分析，并根据分析的结果研究出一个应急的处理方案。根据危机学生的具体情况，一方面指导学院或班级如何行动，另一方面需要采取个案咨询、情绪宣泄、放松疗法等方式方法帮助学生恢复心理和情绪的平衡状态，并对他们的心理发展状况作跟踪处理。

6. 学生心理危机预警系统的构成

以上讲述了校园危机事件预警的几个要素，为了使危机预警的整个系统明朗化，这里引用了郭兰（2008）提出的大学生心理危机预警系统运行模式（如下图所示）。这个系统包括信息检测、信息评估、预警预报以及危机处理四个子系统，每个子系统在功能上各自独立又相互联系，共同保证危机预警的顺利进行。

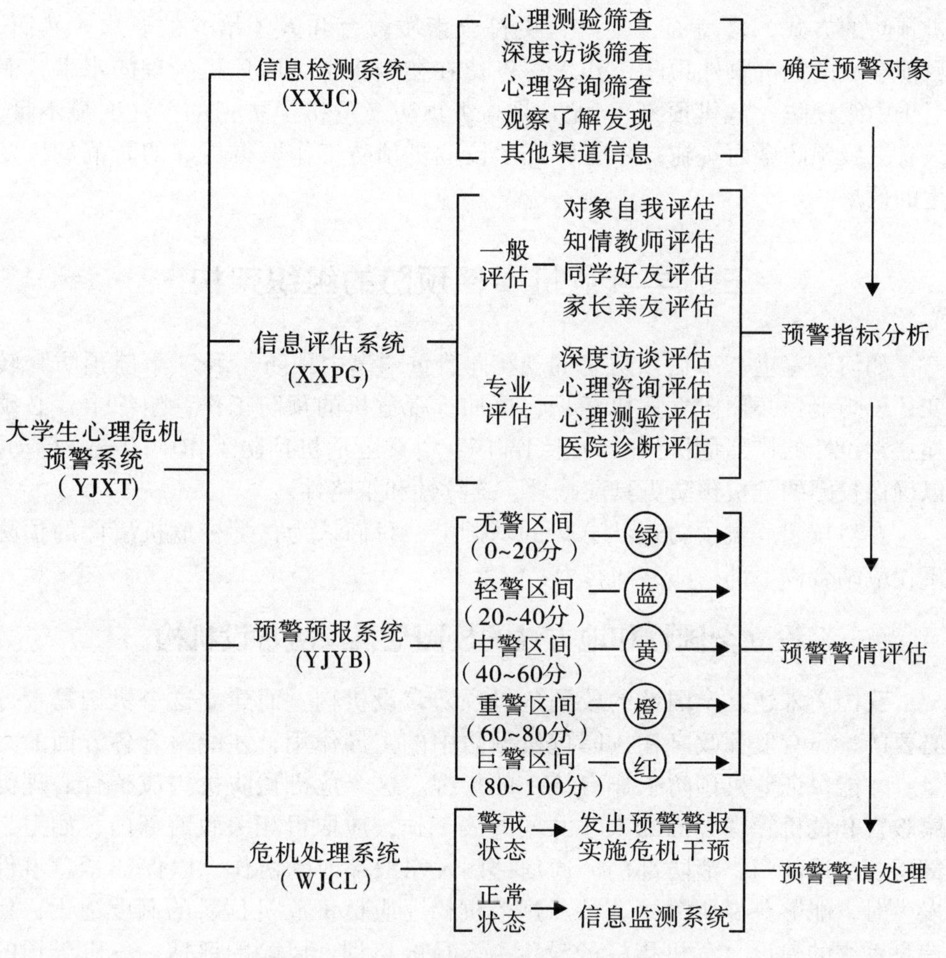

大学生心理危机预警系统运行结构模式图

7. 有效利用多方资源

校园的危机事件属于公共事件，校园危机事件预警机制的运行不是学校单方面的事情，学校不应单枪匹马作战，除了发动学校学生和教职员工共同努力外，可以发挥社会各界的作用，采取开放与合作的态度，有效利用媒体、社区、家长委员会、心理健康教育部门、法律部门、医疗部门以及政府相关部门等多方面的资源，重视与这些力量的沟通与合作，以保证危机预警体系的顺利运行。

校园危机事件的三级预防，使得危机的预防工作更加全面，也更能促进学生心理健康的发展，它提高了学校危机事件预防工作的主动性，丰富了危机预防的方式，覆盖面也更广，更符合素质教育和人才培养的要求。然而，目前学校的危机事件预防工作大多停留在初级水平，即危机处理的水平，而对于中级预防（危机预警），尤其是高级预防（危机预防）的关注明显不足。只有三级预防全面实施，才能保证学校危机预防工作取得更好的防范危机发生的效果。

三、学校危机事件预防的组织架构

如何使着重“事后预防”的现状向着重“事中预防”和“事前预防”转变，思想上，必须树立危机意识，更加重视危机的预防工作；组织上，必须建立常设性的校园危机预防的组织部门，以规范危机预防工作中的统一行动，以确保校园的危机预防更具前瞻性、连续性和策略性。

在对校园危机预防现状分析的基础上，我们认为，学校危机事件的预防工作应结合以下部门的共同努力：

（一）设立全国性和地方性的校园危机预防常设机构

我国尚未建立全国性的校园危机预防常设机构，而建立这个机构是十分必要的，只有发挥政府在校园危机预防中的主导作用，才能整合各方面的力量，才能保证危机预防工作有统一的指挥。这个危机预防机构应整合心理健康教育和危机管理方面的人才共同开展工作，应取得相关政府部门，如卫生部门、交通部门、消防部门、通信部门、司法部门的协作，以保证紧急事件发生时，能够获得所需的支持。这个机构还应负责危机预防的制度建设，如信息系统的建设、危机指标的设定、人员的培训、风险的评估、危机干预的程序、危机级别的评定、危机干预效果的评估等。当高级别的危机发生时，这个机构还负责指导地方校园危机预防部门开展工作。

同时，应建立地方性的校园危机预防的常设机构，在国家危机预防机构的领导下开展工作。这个机构应成为地方校园危机预防的主要指挥机构，一方面要取得相关政府部门的协作；另一方面要在国家校园危机预防机构所设立的制度的基础上，结合本地实际，进行符合本地情况的危机预防的制度建设。在中级别和低级别的危机发生时，这个机构负责指挥学校开展危机干预的工作和事后危机干预效果的评估工作；而当高级别的危机事件发生时，它负责上传下达，配合国家校园危机预防部门的工作。

（二）地方为主，逐级介入

方展画、王东（2008）介绍了美国在校园危机干预中所采用的“地方为主，逐级介入”的危机预防方法，也可以为我们所用。即“在校园危机预防上，美国实行‘地方为主’的原则。所有的危机事件在尽可能低的组织和行政区划层次上进行，学校成为校园危机事件的‘第一反应者’。美国在校园危机程度的判定上采取三级体系，其中一级危机由学校危机应急小组负责应对，二级以上的危机则需要校外救援机构参与。如果学校或地方政府不能对发生在本区域内的校园危机实施有效应对的话，或者校园危机是跨区域发生的，那么就按照‘逐级介入’的原则，由学校或地方政府请求上一级部门介入，直至联邦政府。所以，美国的校园危机应对也可分为学校/学区应对、地方政府应对、州应对和联邦应对等几个层次。具体由哪一级管理主体来应对，则视危机的严重程度和影响范围而定。由于美国一些州的经济实力不强、危机管理体制也相对不够完善，因此，校园危机管理的职责主要集中在地方（危机程度不大）和联邦政府（遭遇重大灾难）两级，形成所谓的‘哑铃现象’”。

（三）校园危机事件预防工作的领导小组和执行小组

在学校方面，要设立一个危机事件预防的领导小组，由校级领导负责。在高级预防中，指导心理健康教育工作的开展；在中级预防中，负责整合分析由心理健康中心搜集整理的预警对象的信息，引导和评估心理健康中心的行动；在低级预防，即危机干预中，要向上级部门报告危机情况，在上级部门指导下，指导学校各部门，协调各方力量，开展危机干预工作，并与媒体取得联系，保证危机处理中信息的公开，避免小道消息传播。

设立危机事件预防工作的执行小组，小组成员应包括：心理健康中心、学院学工办和辅导员或班主任、班级心理委员、校医院、后勤部门、保卫部门等。心理健康中心负责心理健康知识的普及和宣传、对心理委员的培训、预警对象信息的分析、风险评估、危机应急预案的制订和修订等工作；学院学工办负责本学院学生的心理健康教育工作；辅导员或班主任还负责预警对象信息的识别和传达工作；心理委员则负责获取学生心理健康的第一手资料；校医院、后勤部门、保卫部门等部门在危机事件发生后，在校领导部门的指导下开展相应工作。

（四）强调标准的统一与发挥地方和学校的灵活性

一方面，国家校园危机预防机构设立了危机预防的整个标准，这些标准和程序是要严格遵守的；另一方面，地方危机预防机构和学校本身，可以根据危机的性质和严重程度等具体情况，对危机预防的组织和人员配置作相应调整，以使人力资源得到充分利用。

（五）扩大校园危机事件预防工作的参与主体

要广泛吸纳社会上的各种非政府组织参与校园危机预防的工作。各种专业救援机构如消防部门、心理学会和非专业救援部门，如社区警察、社区居委会等都可以成为学校在危机预防工作中的伙伴，协助学校开展危机预防的工作。

四、相关文件与政策要求

（一）国家突发公共事件总体应急预案

1. 总则

1.1 编制目的

提高政府保障公共安全和处置突发公共事件的能力，最大限度地预防和减少突发公共事件及其造成的损害，保障公众的生命财产安全，维护国家安全和社会稳定，促进经济社会全面、协调、可持续发展。

1.2 编制依据

依据宪法及有关法律、行政法规，制订本预案。

1.3 分类分级

本预案所称突发公共事件是指突然发生，造成或者可能造成重大人员伤亡、财产损失、生态环境破坏和严重社会危害、危及公共安全的紧急事件。

根据突发公共事件的发生过程、性质和机理，突发公共事件主要分为以下四类：

（1）自然灾害。主要包括水旱灾害、气象灾害、地震灾害、地质灾害、海洋灾害、生物灾害和森林草原火灾等。

（2）事故灾难。主要包括工矿商贸等企业的各类安全事故、交通运输事故、公共设施和设备事故以及环境污染和生态破坏事件等。

（3）公共卫生事件。主要包括传染病疫情、群体性不明原因疾病、食品安全和职业危害、动物疫情以及其他严重影响公众健康和生命安全的事件。

（4）社会安全事件。主要包括恐怖袭击事件、经济安全事件和涉外突发事件等。

各类突发公共事件按照其性质、严重程度、可控性和影响范围等因素，一般分为四级：Ⅰ级（特别重大）、Ⅱ级（重大）、Ⅲ级（较大）和Ⅳ级（一般）。

1.4 适用范围

本预案适用于涉及跨省级行政区划的，或超出事发地省级人民政府处置能力的特别重大突发公共事件应对工作。

本预案指导全国的突发公共事件应对工作。

1.5 工作原则

（1）以人为本，减少危害。切实履行政府的社会管理和公共服务职能，把保障公众健康和生命财产安全作为首要任务，最大限度地减少突发公共事件及其造成的人员伤亡和危害。

（2）居安思危，预防为主。高度重视公共安全工作，常抓不懈，防患于未然。增强忧患意识，坚持预防与应急相结合，常态与非常态相结合，做好应对突发公共事件的各项准备工作。

（3）统一领导，分级负责。在党中央、国务院的统一领导下，建立健全分类管理、分级负责，条块结合、属地管理为主的应急管理体制，在各级党委领导下，实行行政领导责任制，充分发挥专业应急指挥机构的作用。

（4）依法规范，加强管理。依据有关法律和行政法规，加强应急管理，维护公众的合法权益，使应对突发公共事件的工作规范化、制度化、法制化。

（5）快速反应，协同应对。加强以属地管理为主的应急处置队伍建设，建立联动协调制度，充分动员和发挥乡镇、社区、企事业单位、社会团体和志愿者队伍的作用，依靠公众力量，形成统一指挥、反应灵敏、功能齐全、协调有序、运转高效的应急管理机制。

（6）依靠科技，提高素质。加强公共安全科学研究和技术开发，采用先进的监测、预测、预警、预防和应急处置技术及设施，充分发挥专家队伍和专业人员的作用，提高应对突发公共事件的科技水平和指挥能力，避免发生次生、衍生事件；加强宣传和培训教育工作，提高公众自救、互救和应对各类突发公共事件的综合素质。

1.6 应急预案体系

全国突发公共事件应急预案体系包括：

（1）突发公共事件总体应急预案。总体应急预案是全国应急预案体系的总纲，是国务院应对特别重大突发公共事件的规范性文件。

（2）突发公共事件专项应急预案。专项应急预案主要是国务院及其有关部门为应对某一类型或某几种类型的突发公共事件而制订的应急预案。

（3）突发公共事件部门应急预案。部门应急预案是国务院有关部门根据总体应急预案、专项应急预案和部门职责为应对突发公共事件制订的预案。

（4）突发公共事件地方应急预案。具体包括：省级人民政府的突发公共事件总体应急预案、专项应急预案和部门应急预案；各市（地）、县（市）人民政府及其基层政权组织的突发公共事件应急预案。上述预案在省级人民政府的领导下，按照分类管理、分级负责的原则，由地方人民政府及其有关部门分别制订。

（5）企事业单位根据有关法律法规制订的应急预案。

（6）举办大型会展和文化体育等重大活动，主办单位应当制订应急预案。

各类预案将根据实际情况变化不断补充、完善。

2. 组织体系

2.1 领导机构

国务院是突发公共事件应急管理工作的最高行政领导机构。在国务院总理领导下，由国务院常务会议和国家相关突发公共事件应急指挥机构（以下简称“相关应急指挥机构”）负责突发公共事件的应急管理工作；必要时，派出国务院工作组指导有关工作。

2.2 办事机构

国务院办公厅设国务院应急管理办公室，履行值守应急、信息汇总和综合协调职责，发挥运转枢纽作用。

2.3 工作机构

国务院有关部门依据有关法律、行政法规和各自的职责，负责相关类别突发公共事件的应急管理工作。具体负责相关类别的突发公共事件专项和部门应急预案的起草与实施，贯彻落实国务院有关决定事项。

2.4 地方机构

地方各级人民政府是本行政区域突发公共事件应急管理工作的行政领导机构，负责本行政区域各类突发公共事件的应对工作。

2.5 专家组

国务院和各应急管理机构建立各类专业人才库，可以根据实际需要聘请有关专家组成专家组，为应急管理提供决策建议，必要时参加突发公共事件的应急处置工作。

3. 运行机制

3.1 预测与预警

各地区、各部门要针对各种可能发生的突发公共事件，完善预测预警机制，建立预测预警系统，开展风险分析，做到早发现、早报告、早处置。

预警级别和发布。根据预测分析结果，对可能发生和可以预警的突发公共事件进行预警。预警级别依据突发公共事件可能造成的危害程度、紧急程度和发展势态，一般划分为四级：Ⅰ级（特别严重）、Ⅱ级（严重）、Ⅲ级（较重）和Ⅳ级（一般），依次用红色、橙色、黄色和蓝色表示。

预警信息包括突发公共事件的类别、预警级别、起始时间、可能影响范围、警示事项、应采取的措施和发布机关等。

预警信息的发布、调整和解除可通过广播、电视、报纸、通信、信息网络、警报器、宣传车或组织人员逐户通知等方式进行，对老、幼、病、残、孕等特殊人群以及学校等特殊场所和警报盲区应当采取有针对性的公告方式。

3.2 应急处置

3.2.1 信息报告

特别重大或者重大突发公共事件发生后，各地区、各部门要立即报告，最迟不得超过4小时，同时通报有关地区和部门。应急处置过程中，要及时续报有关情况。

3.2.2 先期处置

突发公共事件发生后，事发地的省级人民政府或者国务院有关部门在报告特别重大、重大突发公共事件信息的同时，要根据职责和规定的权限启动相关应急预案，及时、有效地进行处置，控制事态。

在境外发生涉及中国公民和机构的突发事件，我驻外使领馆、国务院有关部门和有关地方人民政府要采取措施控制事态发展，组织开展应急救援工作。

3.2.3 应急响应

对于先期处置未能有效控制事态的特别重大突发公共事件，要及时启动相关预案，由国务院相关应急指挥机构或国务院工作组统一指挥或指导有关地区、部门开展处置工作。

现场应急指挥机构负责现场的应急处置工作。

需要多个国务院相关部门共同参与处置的突发公共事件，由该类突发公共事件的业务主管部门牵头，其他部门予以协助。

3.2.4 应急结束

特别重大突发公共事件应急处置工作结束，或者相关危险因素消除后，现场应急指挥机构予以撤销。

3.3 恢复与重建

3.3.1 善后处置

要积极稳妥、深入细致地做好善后处置工作。对突发公共事件中的伤亡人员、应急处置工作人员，以及紧急调集、征用有关单位及个人的物资，要按照规定给予抚恤、补助或补偿，并提供心理及司法援助。有关部门要做好疫病防治和环境污染消除工作。保险监管机构督促有关保险机构及时做好有关单位和个人损失的理赔工作。

3.3.2 调查与评估

要对特别重大突发公共事件的起因、性质、影响、责任、经验教训和恢复重建等问题进行调查评估。

3.3.3 恢复重建

根据受灾地区恢复重建计划组织实施恢复重建工作。

3.4 信息发布

突发公共事件的信息发布应当及时、准确、客观、全面。事件发生的第一时间要向社会发布简要信息，随后发布初步核实情况、政府应对措施和公众防范措施等，并根据事件处置情况做好后续发布工作。

信息发布形式主要包括授权发布、散发新闻稿、组织报道、接受记者采访、举行新闻发布会等。

4. 应急保障

各有关部门要按照职责分工和相关预案做好突发公共事件的应对工作，同时根据总体预案切实做好应对突发公共事件的人力、物力、财力、交通运输、医疗卫生及通信保障等工作，保证应急救援工作的需要和灾区群众的基本生活，以及恢复重建工作的顺利进行。

4.1 人力资源

公安（消防）、医疗卫生、地震救援、海上搜救、矿山救护、森林消防、防洪抢险、核辐射、环境监控、危险化学品事故救援、铁路事故、民航事故、基础信息网络和重要信息系统事故处置，以及水、电、油、气等工程抢险救援队伍是应急救援的专业队伍和骨干力量。地方各级人民政府和有关部门、单位要加强应急救援队伍的业务培训和应急演练，建立联动协调机制，提高装备水平；动员社会团体、企事业单位以及志愿者等各种社会力量参与应急救援工作；增进国际间的交流与合作。要加强以乡镇和社区为单位的公众应急能力建设，发挥其在应对突发公共事件中的重要作用。

中国人民解放军和中国人民武装警察部队是处置突发公共事件的骨干和突击力量，按照有关规定参加应急处置工作。

4.2 财力保障

要保证所需突发公共事件应急准备和救援工作资金。对受突发公共事件影响较大的行业、企事业单位和个人要及时研究提出相应的补偿或救助政策。要对突发公共事件财政应急保障资金的使用和效果进行监管和评估。

鼓励自然人、法人或者其他组织（包括国际组织）按照《中华人民共和国公益事业捐赠法》等有关法律、法规的规定进行捐赠和援助。

4.3 物资保障

要建立健全应急物资监测网络、预警体系和应急物资生产、储备、调拨及紧急配送体系，完善应急工作程序，确保应急所需物资和生活用品的及时供应，并加强对物资储备的监督管理，及时予以补充和更新。

地方各级人民政府应根据有关法律、法规和应急预案的规定，做好物资储备工作。

4.4 基本生活保障

要做好受灾群众的基本生活保障工作，确保灾区群众有饭吃、有水喝、有衣穿、有住处、有病能得到及时医治。

4.5 医疗卫生保障

卫生部门负责组建医疗卫生应急专业技术队伍，根据需要及时赴现场开展医疗救治、疾病预防控制等卫生应急工作。及时为受灾地区提供药品、器械等卫生和医疗设备。必要时，组织动员红十字会等社会卫生力量参与医疗卫生救助工作。

4.6 交通运输保障

要保证紧急情况下应急交通工具的优先安排、优先调度、优先放行，确保运输安全畅通；要依法建立紧急情况社会交通运输工具的征用程序，确保抢险救灾物资和人员能够及时、安全送达。

根据应急处置需要，对现场及相关通道实行交通管制，开设应急救援"绿色通道"，保证应急救援工作的顺利开展。

4.7 治安维护

要加强对重点地区、重点场所、重点人群、重要物资和设备的安全保护，依法严厉打击违法犯罪活动。必要时，依法采取有效管制措施，控制事态，维护社会秩序。

4.8 人员防护

要指定或建立与人口密度、城市规模相适应的应急避险场所，完善紧急疏散管理办法和程序，明确各级责任人，确保在紧急情况下公众安全、有序地转移或疏散。

要采取必要的防护措施，严格按照程序开展应急救援工作，确保人员安全。

4.9 通信保障

建立健全应急通信、应急广播电视保障工作体系，完善公用通信网，建立有线和无线相结合、基础电信网络与机动通信系统相配套的应急通信系统，确保通信畅通。

4.10 公共设施

有关部门要按照职责分工，分别负责煤、电、油、气、水的供给，以及废水、废气、固体废弃物等有害物质的监测和处理。

4.11 科技支撑

要积极开展公共安全领域的科学研究；加大公共安全监测、预测、预警、预防和应急处置技术研发的投入，不断改进技术装备，建立健全公共安全应急技术平台，提高我国公共安全科技水平；注意发挥企业在公共安全领域的研发作用。

5. 监督管理

5.1 预案演练

各地区、各部门要结合实际，有计划、有重点地组织有关部门对相关预案进行演练。

5.2 宣传和培训

宣传、教育、文化、广电、新闻出版等有关部门要通过图书、报纸、音像制品和电子出版物、广播、电视、网络等，广泛宣传应急法律法规和预防、避险、自救、互救、减灾等常识，增强公众的忧患意识、社会责任意识和自救、互救能力。各有关方面要有计划地对应急救援和管理人员进行培训，提高其专业技能。

5.3 责任与奖惩

突发公共事件应急处置工作实行责任追究制。对突发公共事件应急管理工作中作出突出贡献的先进集体和个人要给予表彰和奖励。对迟报、谎报、瞒报和漏报突发公共事件重要情况或者应急管理工作中有其他失职、渎职行为的，依法对有关责任人给予行政处分；构成犯罪的，依法追究刑事责任。

6. 附则

预案管理。根据实际情况的变化，及时修订本预案。

本预案自发布之日起实施。

（二）教育系统公共卫生类突发事件应急预案

1. 总则

1.1 目的

有效预防、及时控制和妥善处理教育系统突发公共卫生事件，提高快速反应和应急处置能力，将各类突发公共卫生事件对学校师生员工造成的危害降低到最低程度，确保学校师生员工的健康与生命，保证正常的教育教学和生活秩序，维护学校和社会稳定。

1.2 编制依据

《中华人民共和国突发事件应对法》《中华人民共和国传染病防治法》《中华人民共和国食品安全法》《突发公共卫生事件应急条例》《国家突发公共卫生事件应急预案》及《教育系统突发公共事件应急预案》等法律法规。

1.3 适用范围

本预案适用于教育部、省级及以下教育行政部门、各级各类学校（幼儿园）应对各类突发公共卫生事件的应急处置工作，包括在学校内以及学校所在地区发生的，可能对学校师生健康与生命安全造成危害的重大传染病、群体性不明原因疾病、食物中毒等公共卫生事件的应急处置工作。

1.4 工作原则

1.4.1 统一领导，快速反应

教育部与省级及以下教育行政部门、学校分别成立突发公共卫生事件应急处置工作领导小组，在领导小组统一领导下，与卫生部门密切配合，全面负责本区域教育系统应对突发公共卫生事件的处置工作，形成处置突发公共卫生事件的快速反应机制，确保发现、报告、指挥、处置等环节的紧密衔接，做到快速反应，正确应对，果断处置。

1.4.2 分级负责，属地管理

教育系统发生突发公共卫生事件后，应遵循属地化管理原则，省级及以下教育行政部门和学校应在当地党委和政府的统一领导下，及时采取应急响应措施，并逐级及时报告上级教育行政部门。

1.4.3 预防为主，及时控制

立足于防范，抓早、抓小，各级教育行政部门和学校要认真排查各类卫生安全隐患，强化信息的广泛搜集，对各类可能引发突发公共卫生事件的情况及时进行分析、预警，落实各项防范措施，做好人员、技术、物资和设备的应急储备工作，做到早预防、早发现、早报告、早处理，把事件危害降低到最低程度。

1.4.4 系统联动，群防群控

发生突发公共卫生事件后，学校（幼儿园）负责人要立即深入第一线，掌握情况，开展工作，控制局面。教育行政部门要及时与学校联系，协助并指导应急处置工作；或赶赴现场直接参与实施应急处理。学校和教育行政部门要迅速与卫生、食品药品监管等部门联系，形成各级各部门系统联动，群防群控的有效处置工作格局。

1.4.5 以人为本，生命至上

处置突发公共卫生事件中，要坚持以人为本的原则，始终把保护师生健康和生命安全放在第一位，特别是对危重病人要不惜代价地迅速组织救治。

2. 应急组织指挥体系及职责

2.1 教育部突发公共卫生事件应急处置工作组及职责

2.1.1 教育部突发公共卫生事件应急处置工作组

组长：分管副部长

副组长：体育卫生与艺术教育司司长

成员：教育部办公厅、体育卫生与艺术教育司、发展规划司、财务司、基础教育一司、基础教育二司、职业教育与成人教育司、直属高校工作司、高等教育司、教育督导团办公室、思想政治工作司等司局（单位）负责人。

工作组办公室设在体育卫生与艺术教育司，办公室主任由体育卫生与艺术教育司负责人兼任。

2.1.2 主要职责

在国务院的统一部署下，在卫生部的指导下，负责全国教育系统突发公共卫生事件的应急处置工作；及时搜集与分析全国教育系统突发公共卫生事件的相关信息，并适时向各地教育行政部门通报情况，发出预警，提出紧急应对学校突发公共卫生事件的政策、措施；指导各地教育行政部门和学校应对和处置突发公共卫生事件；督促各地教育行政部门和学校落实突发公共卫生事件应对措施；及时总结和推广各地、各校应对突发公共卫生事件的经验和做法；督促各地根据突发公共卫生事件的性质对有关责任人进行责任追究。

2.1.3 运行机制

按照教育部突发公共卫生事件应急处置工作组的部署和要求，体育卫生与艺术教育司具体负责学校突发公共卫生事件应急处置工作。发生特别重大（Ⅰ级）突发公共卫生事件时，教育部立即按照应急预案，启动应急响应措施，组成教育部突发公共卫生事件应急办公室，并调集工作组成员单位相关人员实行集中办公。

2.2 省级及以下教育行政部门突发公共卫生事件应急处置工作领导小组职责

省级及以下教育行政部门在当地政府的统一领导下，成立与教育部突发公共卫生事件应急组织指挥体系相对应的应急处置工作领导小组，具体负责指挥与落实本辖区内教育系统突发公共卫生事件的应急处置工作。

主要职责包括：建立健全应对突发公共卫生事件的工作责任制度，并将责任分解到部门、落实到人；在当地卫生部门的指导下，制订符合本地区实际的应对突发公共卫生事件的对策、措施及应急预案；落实突发公共卫生事件的信息报告人并及时上报相关信息；配合卫生部门，严密监测所辖学校突发公共卫生事件发生情况，并适时作出预警；指导下级教育行政部门和学校紧急应对和处置突发公共卫生事件；协助卫生部门和学校组织救治工作；检查督促所辖学校落实各项应对突发公共卫生事件的措施；总结推广学校应对突发公共卫生事件的经验与做法；协调有关方面的力量对突发公共卫生事件进行调查和处理；根据突发公共卫生事件的性质督促地方教育行政部门和学校对有关责任人进行查处。

2.3 各级各类学校（幼儿园）突发公共卫生事件应急处置工作领导小组职责

学校成立由主要领导负责的突发公共卫生事件应急处置领导小组，具体负责落实学校突发公共卫生事件应急处置工作。

主要职责包括：在卫生部门指导下，根据当地政府和上级教育行政部门的突发公共卫生事件应急预案，制订本校的突发公共卫生事件应急预案；建立健全应对突发公共卫生事件的工作责任制度，建立一把手负总责与分管校长具体抓的责任制，并将责任分解到部门、落实到个人；明确并落实突发公共卫生事件的信息报告人；具体实施对突发公共卫生事件的应对与处置工作，配合卫生部门对事件原因进行调查；及时向上级教育行政部门及卫生等有关部门报告学校突发公共卫生事件的进展与处置情况。

3. 事件分级标准

根据《国家突发公共卫生事件应急预案》，结合教育行政部门实际，突发公共卫生事件按严重程度，从高至低划分为特别重大（Ⅰ级）、重大（Ⅱ级）、较大（Ⅲ级）和一般（Ⅳ级）四级。

具体分级标准由国务院卫生行政部门和各级地方卫生行政部门按照职责分工分别确认，教育系统参照执行。

学校所在地区发生的、可能对学校师生员工健康造成危害的突发公共卫生事件，各级教育行政部门和学校应在当地政府的统一领导和卫生行政部门的具体指导下，根据突发公共卫生事件的严重程度，做好相应的应急处置工作。

4. 信息报送与信息发布

建立畅通的信息传输渠道和严格的信息上报机制，完善快速应急信息系统。

4.1 信息报送原则

4.1.1 迅速

学校应在第一时间（两小时内）向当地教育行政部门和卫生部门报告，不得延报。

4.1.2 准确

信息内容要客观翔实，不得主观臆断，不得漏报、瞒报、谎报。

4.1.3 直报

发生Ⅰ级（特别重大）事件，可直接报教育部。

4.1.4 续报

事件情况发生变化后，应及时续报。

4.2 信息报告

4.2.1 突发公共卫生事件的责任报告单位

责任报告单位：各级各类学校（幼儿园）和各级教育行政部门；

责任报告人：各级各类学校和各级教育行政部门指定的信息报送人员。

4.2.2 突发公共卫生事件报告时限及程序

（1）初次报告。

各级各类学校（幼儿园）发生突发公共卫生事件后，应在第一时间（事件发生后两小时内），向主管教育行政部门、当地（县）卫生部门进行初次报告。

县级及以上教育行政部门接到学校初次报告后，应及时与同级卫生部门核实，在两小时内逐级报告上一级教育行政部门及同级政府，直至教育部突发公共卫生事件应急处置工作组办公室。

特别重大（Ⅰ级）或者重大（Ⅱ级）突发公共卫生事件发生后，省级教育行政部门必须在3小时内报告教育部突发公共卫生事件应急处置工作组办公室。

特别重大（Ⅰ级）突发公共卫生事件，学校或基层教育行政部门可以直接报告教育部突发公共卫生事件应急处置工作组办公室。

(2) 进程报告。

Ⅰ级和Ⅱ级突发公共卫生事件处置过程中，学校每天应将事件发展变化情况报告上级教育行政部门，地方教育行政部门要逐级每日报告上级教育行政部门直至教育部突发公共卫生事件应急处置工作组办公室。

Ⅲ级和Ⅳ级突发公共卫生事件处置过程中，学校应及时将事件发展变化情况报告上级教育行政部门，地方教育行政部门要逐级报告上级教育行政部门和当地政府。

(3) 结案报告。

事件结束后，应将事件处理结果逐级报告上级教育行政部门直至教育部突发公共卫生事件应急处置工作组办公室。

4.2.3 报告内容

(1) 初次报告内容：事件发生时间、发生地点、患病（中毒）人员症状、患病（中毒）人数、事件经过、可能的原因等。

(2) 进程报告内容：患病（中毒）人员治疗与病情变化情况、事件控制情况、造成事件的原因、已经或准备采取的整改措施。

(3) 结案报告内容：事件处理结果（包括事件性质与发生原因）、整改情况、责任追究情况等。

4.3 信息发布

根据《突发公共卫生事件应急条例》，全国突发公共卫生事件的信息由国务院卫生行政部门负责向社会发布；省、自治区、直辖市人民政府卫生行政部门经国务院卫生行政部门授权向社会发布本行政区域内突发公共卫生事件的信息。

各级教育行政部门不得自行向社会发布突发公共卫生事件的信息。

4.4 突发公共卫生事件信息报送程序（略）

5. 预防预警

各级教育行政部门和学校应建立健全卫生防疫与食品卫生安全工作责任制，并将责任分解落实到部门和具体责任人。

将卫生防疫和食品卫生安全教育以及其他突发公共卫生事件的预防与应

急知识贯穿在日常教育之中，增强广大师生员工的公共卫生意识和自我保护能力。

严格食品卫生安全管理，食堂必须取得餐饮服务许可，食堂从业人员必须持有健康合格证，加强食品原料采购与储存、食品加工、餐饮具消毒、食堂的安全保卫等各环节的卫生安全管理工作。

加强饮用水卫生管理，为师生提供符合卫生要求的饮用水。

加强厕所卫生管理，做好粪便的无害化处理，防止污染环境和水源。

加强学生宿舍卫生管理与安全保卫，改善宿舍卫生与通风条件。

落实学生定期健康体检制度、晨午检制度、因病缺课登记追踪制度和儿童入托、入学查验接种证制度，及时发现传染病患者并采取相应的隔离防范措施。

加强学校实验室安全管理，存放有毒、有害试剂、药品及物质的物品柜必须设置双锁，并双人管理。

建立健全校内有关部门和人员、学校与家长、学校与当地医疗机构及教育行政部门联系机制，完善信息搜集报送渠道，保证信息畅通。

建立与卫生部门信息联动机制，及时搜集所在地区突发公共卫生事件发生信息，对各类可能引发学校突发公共卫生事件（传染病、食物中毒等）的情况及时进行分析并发出预警。

加强应急反应机制的日常性管理，在实践中不断运用和完善应急处置预案。加强人员培训，开展经常性的演练活动，不断提高应对突发公共卫生事件的能力。

做好应对学校突发公共卫生事件的人力、物力和财力方面的储备工作，确保突发公共卫生事件预防以及现场控制的应急设施、设备和必要的经费。

6. 应急处置措施

6.1 一般突发公共卫生事件的应急反应

6.1.1 学校的应急反应

一般突发公共卫生事件发生后，现场的教职员工应立即将相关情况通知学校突发公共卫生事件责任报告人及学校领导。

学校领导接到报告后，必须立即赶赴现场组织实施以下应急措施。

（1）食物中毒应急措施。

联系当地卫生部门（医院），对中毒人员进行救治；

通知有关人员停止食用可疑中毒食品，或追回已出售（发出）的可疑中毒食品；

停止出售和封存剩余可疑的中毒食品；

控制或切断可疑水源；

与中毒人员（特别是中小学生或病情严重者）家长、家属进行联系，通报情况，做好思想工作，稳定其情绪；

组织人员对共同进餐的学生进行排查；

积极配合卫生部门封锁和保护事发现场，对中毒食品取样留验；或配合公安部门进行现场取样，开展侦破工作；

按照当地政府和卫生部门要求，认真落实其他紧急应对措施；

对学校不能解决的问题及时报告主管教育行政部门和当地政府以及卫生行政部门，并请求支持和帮助；

在学校适当的范围通报突发公共卫生事件的基本情况以及采取的措施，稳定师生员工情绪，并开展相应的卫生宣传教育，提高师生员工的预防与自我保护意识；

学校在采取上述应急措施的同时，应向当地卫生部门和教育主管部门报告。

（2）传染病应急措施。

及时隔离患病的学生，并送至医院进行治疗；

教室、宿舍等人员集中的室内场所应经常开窗，做到有效通风透气，确保室内的空气流通（主要针对呼吸道传染病）；

暂停组织室内场所的大型集体活动（主要针对呼吸道传染病）；

控制或切断可疑水源（主要针对肠道传染病）；

协助卫生部门对患病人群所在场所进行彻底消毒；对病人接触过的人员，包括同学、老师进行随访，并配合当地政府或卫生行政部门采取必要的隔离观察措施；

加强每日晨午检工作，对缺勤的师生员工逐一进行登记，并查明缺勤的原因，对患有传染病的师生劝其及时就医或在家医学观察，暂停上学或上班；

每日对患病师生进行追踪和记录，了解疾病转归；

密切关注传染病流行情况，必要时经当地卫生行政部门组织专家进行疫情风险评估后，可报请所在地教育行政部门并经当地（县级以上）人民政府批准，采取临时停课等特殊措施；

与患病学生（特别是中小学生或病情严重者）家长、家属进行联系，通报情况，做好思想工作，稳定其情绪；

按照当地政府和卫生行政部门要求，认真落实其他紧急应对措施；

对学校不能解决的问题及时报告主管教育行政部门和当地政府以及卫生行政部门，并请求支持和帮助；

在学校适当的范围通报突发公共卫生事件的基本情况以及采取的措施，稳定师生员工情绪，并开展相应的卫生宣传教育，提高师生员工的预防与自我保护意识。

学校在采取上述应急措施的同时，应向当地卫生部门和教育主管部门报告。

(3) 预防接种（或服药）造成的不良反应或心因性反应的应急措施。

联系当地卫生部门（医院），对出现不良反应的学生进行救治；

停止预防接种或预防性服药，封存剩余接种疫苗或药品；

组织人员对预防接种或预防性服药的学生进行排查；

与家长、家属进行联系，通报情况，做好思想工作，稳定其情绪；

配合卫生部门排查原因，对引发反应的药品、疫苗取样留验；

按照当地政府和卫生部门要求，认真落实其他紧急应对措施；

对学校不能解决的问题及时报告主管教育行政部门和当地政府以及卫生行政部门，并请求支持和帮助；

在学校适当的范围通报突发公共卫生事件的基本情况以及采取的措施，稳定师生员工情绪，并开展相应的卫生宣传教育，提高师生员工的预防与自我保护意识。

学校在采取上述应急措施的同时，应向当地卫生部门和教育主管部门报告。

(4) 其他突发公共卫生事件的应急措施。

6.1.2 地方（地、县、区）教育行政部门的应急反应

发生地教育行政部门尤其是县（区）教育行政部门的主管领导接到学校报告后应立即赶赴事发学校了解情况并组织实施以下应急措施：

协助学校做好对中毒或患病人员的救治工作，或到医院看望中毒或患病人员；

对学校必须采取的各项应急措施进行检查核实；

协调和帮助学校解决突发公共卫生事件处理过程中的有关问题和困难；

根据突发公共卫生事件性质、发展变化情况，及时指导学校实施相应的应急措施；

按照突发公共卫生事件报告要求，向上级教育行政部门及同级政府进行报告；

协助学校做好家长思想工作，加强舆论引导，稳定家长及学校师生员工情绪，维护学校教学秩序等；

协助卫生等有关部门对突发公共卫生事件进行调查处理；

根据突发公共卫生事件的性质对有关责任人进行查处。

6.1.3 省级教育行政部门的应急反应

接到下级教育行政部门的报告后，立即与卫生、食品药品监督管理部门沟通，并向省政府及教育部进行报告；

与发生地教育行政部门保持密切联系（必要时派人员到现场），了解事件的进展情况，指导与督促发生地教育行政部门落实各项应急措施；

协助解决突发公共卫生事件处置工作中存在的问题与困难；

根据突发公共卫生事件性质对所属学校的责任人进行查处，或督促地方教育行政部门对相关责任人进行查处；

将事件的进展情况及处理结果及时报告教育部。

6.1.4 教育部的应急反应

接到报告后，与省级教育行政部门保持密切联系，随时了解突发公共卫生事件相关信息；

指导和督促发生地教育行政部门和学校迅速采取相应应急措施；

协调和帮助基层教育行政部门和学校解决突发公共卫生事件处理过程中遇到的特殊问题与困难；

督促地方教育行政部门对相关责任人进行查处。

6.2 较大及重大突发公共卫生事件的应急反应

6.2.1 学校的应急反应

除按照一般突发公共卫生事件的应急反应，组织实施相应的应急措施外，有人员死亡的，应做好死亡人员家属的接待与安抚工作，同时还应在卫生部门及教育行政部门的指导下，及时介入心理危机干预工作，对相关人群进行心理干预。

6.2.2 地方（地、县、区）教育部门的应急反应

除按照一般突发公共卫生事件的应急反应，组织实施相应的应急措施外，有死亡人员的应协助学校做好死亡人员的家属接待与安抚工作，同时还应协助并指导学校，及时开展心理危机干预工作，对相关人群进行心理干预；

发生地教育行政部门还应按照当地政府的统一部署，落实其他相应的应急措施。

6.2.3 省级教育行政部门的应急反应

除按照一般突发公共卫生事件的应急反应，组织实施相应的应急措施外，省级教育行政部门主管领导和有关人员在接到基层教育行政部门报告后应及时赶赴突发公共卫生事件现场，并组织实施以下应急措施：

配合卫生部门对突发公共卫生事件进行评估，并根据卫生部门的建议，按照本省应急预案，适时启动应急响应措施；

协助卫生等有关部门对突发公共卫生事件进行调查处理；

根据突发公共卫生事件的发展趋势，提出相应的应急处置工作意见；

有人员死亡时，应协助并指导地方教育行政部门，及时开展心理危机干预工作，对相关人群进行心理干预。

根据突发公共卫生事件的性质和调查结果，对有关责任单位进行通报；

在省级卫生行政部门的指导下，对本省学校突发公共卫生事件防控工作进行部署，对各地防控工作开展情况进行督查。

6.2.4 教育部的应急反应

除按照一般突发公共卫生事件的应急反应，组织实施相应的应急措施外，应协调解决突发公共卫生事件处置过程中存在的问题与困难；必要时联系专家赶赴现场指导应急工作；及时向有关各省、自治区、直辖市通报突发公共卫生事件相关信息，并督促各地认真开展防控工作等。

6.3 特别重大突发公共卫生事件的应急反应

6.3.1 学校的应急反应

除按照重大突发公共卫生事件的应急反应，组织实施相应的应急措施外，每日必须向主管教育行政部门报告突发公共卫生事件的发展变化情况。

6.3.2 地方教育行政部门的应急反应

除按照重大突发公共卫生事件的应急反应，组织实施相应的应急措施外，信息报告人每天应按照报告要求进行突发公共卫生事件的信息进程报告。

6.3.3 省级教育行政部门的应急反应

除按照重大突发公共卫生事件的应急反应，组织实施相应的应急措施外，信息报告人每天应按照报告要求进行突发公共卫生事件的信息进程报告。同时，应根据当地政府的统一部署和教育部的要求，根据本省教育系统突发公共卫生事件应急预案，采取应急响应措施。

6.3.4 教育部的应急反应

按照国务院的统一部署，指挥教育系统突发公共卫生事件的防控工作；

根据卫生部专家组对突发公共卫生事件的研判和教育系统突发公共卫生

事件应急预案，采取应急响应措施，成立教育部突发公共卫生事件应急办公室，实行集中办公并24小时值班；

必要时启动全国教育系统突发公共卫生事件每日“零报告”制度；

必要时派主管人员或专家赴突发公共卫生事件发生地，指导并协助处理突发公共卫生事件；

协助国务院卫生行政部门参与地方突发公共卫生事件的处置工作；

及时对突发公共卫生事件相关信息进行分析，并根据突发公共卫生事件的发展趋势，及时调整学校突发公共卫生事件防控及应急措施；

协调解决发生突发公共卫生事件的地方教育系统防控工作中存在的问题与困难；

根据突发公共卫生事件的性质和调查结果，对事件及有关责任单位进行通报；

督促各地根据突发公共卫生事件的性质对有关责任人进行责任追究；

对各地教育系统突发公共卫生事件防控工作进行督导、检查等。

6.4 地方教育行政部门快速应急处置工作程序（略）

7. 善后与恢复工作

突发公共卫生事件应急处置完成后，工作重点应马上转向善后与恢复行动，争取在最短时间内恢复学校正常秩序。

尽快恢复学校正常教学秩序。对因传染病流行而致暂时集体停课的，必须对教室、阅览室、食堂、厕所等场所进行彻底清扫消毒后，方能复课；因传染病暂时停学的学生，必须在恢复健康，经有关卫生部门确定没有传染性并出具有效的病愈证明后方可复学；因水源污染造成传染病流行的学校，其水源必须经卫生部门检测合格后，方可重新启用。

根据调查结果，对导致事件发生的有关责任人或责任单位，依法追究责任。

学校和当地教育行政部门应认真做好或积极协调有关部门做好受到突发公共卫生事件损害的相关人员的善后工作。

对突发公共卫生事件反映出的相关问题、存在的卫生隐患问题及有关部门提出的整改意见进行整改。

8. 应急保障

8.1 信息保障

教育部、各地教育行政部门和学校要建立健全并落实突发公共卫生事件的信息搜集、传递、报送、处理等各环节运行机制，完善信息传输渠道，保持信息传输设施和通讯设备完好，保持通讯方便快捷，确保信息报送渠道的安全畅通。

8.2 物资保障

各地教育行政部门和学校，特别是高校和寄宿制中小学校应建立处置突发公共卫生事件的设施设备（如传染病隔离场所、紫外线灯等），消毒药品储备，为妥善处置突发公共卫生事件提供物资保障。

8.3 资金保障

各地教育行政部门应急资金纳入各地统一财政预算。各高校应安排充足的应急资金，保证突发公共卫生事件应急处置所需。

8.4 人员保障

各地教育行政部门和学校应加强卫生队伍建设，定期开展突发公共卫生事件防控的专业知识培训，为应急预案的启动提供人员保障。

8.5 培训演练保障

各地教育行政部门和学校应配合卫生部门，组织开展应急演练。

9. 附则

9.1 鉴于学校集体食物中毒、传染病流行事件涉及青少年健康安全，社会关注度较高，对未达到本预案Ⅳ级突发公共卫生事件标准的，学校除应按照《食品卫生安全法》《传染病防治法》等相关规定，向当地卫生部门报告外，还应参照Ⅳ级突发公共卫生事件应急措施进行处理。

9.2 名词解释

教育系统是指各级教育行政部门、各级各类学校（包括幼儿园）。

重大传染病疫情是指某种传染病在短时间内发生、波及范围广泛，出现大量的病人或死亡病例，其发病率远远超过常年的发病率水平的情况。

群体性不明原因疾病是指在短时间内，某个相对集中的区域内同时或者相继出现具有共同临床表现的病人，且病例不断增加，范围不断扩大，又暂时不能明确诊断的疾病。

重大食物中毒是指由于食品污染的原因而造成的人数众多或者伤亡较重的中毒事件。

9.3 本预案自印发之日起实施。原《教育系统突发公共事件应急预案》中公共卫生类突发事件应急处置相关规定与本预案不一致的，依照本预案规定执行。

9.4 未尽事宜由教育部负责解释。

参考文献

[1] B. E. Gilliland, R. K. James. 危机干预策略. 肖水源等译. 北京：中国轻工业出版社，2000

[2] Botestein, Leon. *Jefferson's Children*. NewYork：Doubleday, 1997.

[3] Danuta Wasserman. 自杀：一种不必要的死亡. 李鸣等译. 北京：中国轻工业出版社，2003

[4] Judith A. Cohen, Anthony P. mannarino, Esther Deblinger. 心理创伤与复原. 耿文秀译. 上海：华东师范大学出版社，2008

[5] Judith S. Beck. 认知疗法：基础与应用. 翟书涛等译. 北京：中国轻工业出版社，2000

[6] Sherry Cormier, Bill Cormier. 心理咨询师的问诊策略. 张建新译. 北京：中国轻工业出版社，2000

[7] 芭芭拉·鲁宾·韦恩瑞伯. 危机干预与创伤反应理论与实务. 广州：世界图书出版社，2003

[8] 陈金定. 心理咨询技术. 广州：世界图书出版社，2003

[9] 段鑫星，程婧. 大学生心理危机干预（第五版）. 北京：科学出版社，2006

[10] 郭念锋. 国家职业资格培训教程——心理咨询师二级. 北京：民族出版社，2005

[11] 郭念锋. 国家职业资格培训教程——心理咨询师三级. 北京：民族出版社，2005

[12] 金盛华. 社会心理学. 北京：高等教育出版社，2005

[13] 赖念华. 校园自我伤害防治处理手册. 中国辅导学会. 台湾教育部. http：//www. edu. tw/.

[14] 李江雪. 大学生心理咨询技术与案例. 广州：广东教育出版社，2008

[15] 刘晓明. 学校心理咨询百科全书（方法卷）. 长春：吉林人民出版社，2000

［16］刘宣文．学校发展性辅导．北京：人民教育出版社，2004
［17］卢梭．爱弥儿（上）．北京：商务印书馆，1999
［18］马建东．震后心理援助指南．杭州：浙江大学出版社，2008
［19］王登峰．临床心理学．北京：人民教育出版社，1999
［20］王玲．变态心理学．广州：广东高等教育出版社，2006
［21］温志大．超越死亡——自杀行为防治．上海：上海医科大学出版社，1998
［22］徐久生．校园暴力研究．北京：中国方正出版社，2004
［23］翟书涛．危机干预与自杀预防．北京：人民卫生出版社，1997
［24］翟书涛．选择死亡——自杀现象及自杀心理透视．北京：北京出版社，2001
［25］张文新，纪林芹．中小学生的欺负问题与干预．济南：山东人民出版社，2006
［26］郑希付，张皓．地震灾后心理康复完全手册．广州：暨南大学出版社，2008
［27］陈大光，陈晶琦．中专女生童年期目睹校园暴力经历及其与心理问题的关联．中国学校卫生，2009（8）
［28］陈香红，党红．论高校公共危机信息系统的建立．通化师范学院学报，2009（9）
［29］戴宜生．美国未成年人司法制度的发展．青少年犯罪问题，2005（4）
［30］邓树嵩，陈冠民．中学生心理健康状况与意外伤害发生关系．疾病控制杂志，2004，8（3）
［31］杜彦杰，刘刚．论大学生心理危机干预方案的建构．河北大学学报（哲学社会科学版），2009（34）
［32］樊富珉，李伟．大学生心理压力及应对方式——在清华大学的调查．青年研究，2000（6）
［33］范春玲等．共情在危机干预中的临床应用．中国健康心理学杂志，2010（18）
［34］方展画，王东．美国校园危机管理的组织架构分析．高等教育研究，2008（9）
［35］费莉萍，李斯俭，陈冠民．老年人群心理症状与意外伤害的关系．武汉大学学报（医学版），2006，6（27）
［36］高瑞艳．大学生群体事件的预防及处置．社会科学论坛，2008（1）

[37] 高燕．意外致伤患者的心理分析与对策．护理管理杂志，2005，5（9）
[38] 耿文秀．创伤患者心理行为反应特点及对应护理．医药世界，2009，11（10）
[39] 郭兰，龚育．重视危机、预防危机、超越危机：大学生心理危机预警系统的构建和运行．湖北社会科学，2008（1）
[40] 韩庆辉．严重意外伤害患者的心理分析，社区医学杂志，2007，5（20）
[41] 黄凌娟．群体性事件概念之简析．公安教育，2007（3）
[42] 季成叶．预防校园暴力：一项值得高度关注的公共卫生课题．中国学校卫生，2007（3）
[43] 江燕，团体辅导对大学生失恋心理危机干预的实验研究．西南师范大学硕士学位论文，2008
[44] 蒋昭伦，杨琼，邵景明．意外伤害儿童心理学特点的病例对照研究．中华儿科杂志，2004，42（1）
[45] 李彩福，李春玉，张春梅．儿童青少年意外伤害及其干预策略研究．中国妇幼保健，2008（23）
[46] 李永贤．关于中小学校园危机管理的思考．教学与管理，2006（10）
[47] 梁军林，孙录．中学自杀意念发生率及其影响因素分析．临床精神医学杂志，2000，10（3）
[48] 廖深基，张本钰．“四维度”心理危机干预体系的研究．高校辅导员学刊，2009，1（1）
[49] 廖喜明．儿童青少年创伤事件问卷和创伤后症状量表的评价．硕士学位论文，2007
[50] 刘梅艳，苏玲．2005 年福州市城区中学生自杀意念及其影响因素调查．预防医学论坛，2007，2（13）
[51] 陆体艳．大学生心理危机干预的基本思路．企业家天地，2010，2（1）
[52] 毛欣娟，曹鸿．高校群体性事件特点及成因分析．江西公安专科学校学报，2008（2）
[53] 欧伟．让暴力远离校园．中国教育报，2002（9）
[54] 祁红．未成年人犯罪的早期预防与社会控制初探．中国特色社会主义研究，2000（S1）
[55] 桑华，卿涛．浅谈高校舆情危机预警．当代经济，2008（8）
[56] 邵道生．正确处理“突发性群体事件”．社会科学报，2009（2）
[57] 宋凤宁，张琼．大学生心理危机预警系统研究，广西师范大学学报（哲

学社会科学版)，2006，42（2）
[58] 王传中，赖海雄. 大学生心理危机多发期现象及其成因探讨. 医学与社会，2009，22（4）
[59] 王丽洁. 论在危机干预中心理咨询师的作用. 武汉航海职业技术学院学报，2006，1（4）
[60] 王连芝，关俊华，梁金娥. 音乐疗法对意外致伤患者心理健康状况的影响. 现代临床护理，2008，7（10）
[61] 王群. 危机干预与大学生自杀危机干预. 上海师范大学学报（哲学社会科学版)，2005，34（2）
[62] 吴忠才. 论电话咨询在心理危机干预中的应用. 四川文理学院学报（自然科学版)，2007，17（5）
[63] 武玉莹. 创伤患者的心理特点与护理对策. 中国现代药物应用，2008，2（16）
[64] 肖征，官琳琳. 大学生心理危机干预模式研究. 湖北经济学院学报（人文科学版)，2009（23）
[65] 谢志涛. 校园暴力行为探讨与对策. 青少年犯罪问题，2000（3）
[66] 邢丽丽，杨学军，王威，杨勇. 北京市东城区中小学生意外伤害干预效果评价. 中国健康教育，2006，22（9）
[67] 徐浩渊. 心理支持系统与社会安定的关系探讨. 中国心理卫生杂志，1997，11（2）
[68] 应贤慧. 创伤事件后中小学受冲击群体的危机干预. 中小学心理健康教育，2008（6）
[69] 余江敏，郭刚，论大学生心理危机干预的策略. 云南电大学报，2009，11（2）
[70] 遇旻. 强化《未成年人保护法》执行力度　切实预防制止校园暴力行为. 宁夏教育，2003，1（2）
[71] 袁春媛，王令花，李洪英，孙爱云. 意外伤害后患者心理反应及其影响因素调查. 齐鲁护理杂志，2006，12（9）
[72] 曾乃卓. 大学生个体心理危机干预策略. 闽江学院学报，2009，30（4）
[73] 张波勇. 大学生心理危机干预的有效途径初探. 中国电子教育，2009，4（5）
[74] 张程赪. 独生子女意外事故对家庭成员心理影响研究. 中国民康医学，2006，18（4）

[75] 张海涛，辛立艳．公共危机的预警与响应对策．社会科学战线，2009（10）
[76] 张华. 大学生心理危机预防和干预对策研究. 社科纵横，2010，25（3）
[77] 张旺．美国校园暴力：现状、成因及对策．青年研究，2002（11）
[78] 张彧．大学城学生群体性突发事件预防机制研究与探讨．辽宁教育行政学院学报．2010（1）
[79] 张志群，郭兰婷．中学生自杀意念的相关因素研究．中国心理卫生杂志，2003（12）
[80] 章清，金劲彪．新时期高校群体性事件刍议．当代青年研究，2005（10）
[81] 朱翠岚，李峰光，张兰花．意外伤害病人的情绪障碍调查及其护理对策. 护理学杂志，2004，19（24）
[82] 邓树篙．中学生意外伤害发生与心理健康关系的研究．硕士学位论文，2004
[83] 杜明杰．通辽地区在校大学生意外伤害与心理健康状况关系的分析．硕士学位论文，2008
[84] 刘慧茹．国中生校园事故伤害与其人格特质、预防知识之研究——以台北市某国民中学为例．硕士学位论文（台湾），1997
[85] 马静．社区高龄独居老人意外伤害健康教育干预方案研究．硕士学位论文，2009
[86] 孙红梅．应激性生活事件对中专护理专业学生心理健康的影响．硕士学位论文，2008
[87] 曹艳丽．中学生自杀态度与生命意义的跨文化研究．硕士学位论文，2007
[88] 翟建霞．意外创伤者早期心理他评量表及常模的研制．硕士学位论文，2009
[89] Albert R. Roberts. *Editor Crisis Intervention Handbook*：*Assessment*，*Treatment and Research*. Oxford：Oxford University Press，2005.
[90] Anat Zeira，Ron Avi Astor，Rami Benbenishty. School Violence in Israel：Findings of a National Survey. *Social Work*，2003，48（4）.
[91] Anderson M.，Kaufman J.，Simon TR，etal. School-associated Violent Deaths in United States 1994—1999. *The Journal of American Medical Association*，2001，286（21）.
[92] David J. Schonfeld，Scott Newgass. *School Crisis Response Initiative.* Washington，D. C. Office for Victims of Crime，U. S. Department of Justice，2003（1）.

[93] Gayle D. Pitcher, Scott Poland. *Crisis Intervention in the Schools*. New York: The Guilford Press, 1992.

[94] Geneva: World Health Organization. *Who Global Consulation on Violence and Health*. Violence: A Public Health Priority, 1996.

[95] Howard D. E., Feigelma S., Lix, etal. *The Relationship among Violence Victimization*, *Witnessing Violence*, and Youth Distress. *Adoles Health*, 2002, 31 (6).

[96] Jennifer A., Rosenblattl., Michael J. Furlong. Assessing the Reliability and Validity of Student Self-reports of Campus Violence. *Journal of Youth and Adolescence*, 1997 (2).

[97] Joetta L. Carr., Karen M. VanDeusen. Risk Factors for Male Sexual Aggression on College Campuses. *Journal of Family Violence*, 2004, 19 (5).

[98] Justin Hunt, M. D., M. S. Daniel Eisenberg, P. D.. Mental Health Problems and Help-seeking Behavior among College Students. *Journal of Adolescent Health*, 2010 (46).

[99] Phillip M. Kleespies. *Emergencies in Mental Health Practice: Evaluation and Management*. New York: The Guilford Press, 2000.

[100] Resource Guide for Crisis Management in Virginia School. Richmond, Virgina Department of Education, 2002. htttp: //www. xinhua. net/2009 – 05 – 17.

[101] Richard K. James. *Crisis Intervention Strategies*. Thomson Brooks/Cole, 2008.

[102] Zhengdong Qin, Zhaolun Jiang, Qiong Yang. Evaluation of the Psychological Characters of Normal Children and Children with Accidental Injury. *Chinese Journal of Clinical Rehabilitation*, 2008, 9 (16).

[103] Schwartz, Wendy. *An Overview of Strategies to Reduce School Violence*. Eric Clearinghouse. http: //eric – web. tc. columbia. edu/digest/dig115. html.

后 记

《校园突发事件的危机干预》是“发展性心理教育丛书”之一。全书由王玲负责构思并统稿。内容共分八章，包括概述、危机干预的心理辅导技术、心理危机干预的方案设计、校园暴力事件的心理干预、学生自杀事件的心理干预、学生意外伤害的心理干预、校园群体性事件的心理干预以及学校危机事件的预防预警等。编写过程中，我们力求科学化、通俗化，并注重实操性。各章的具体参编人员为：第一章，李彦涛、王玲；第二章，郭少云、王玲；第三章，林悦、王玲；第四章，周海林、王玲；第五章，陈志静、王玲；第六章，周歆、王玲；第七章，王佳、王玲；第八章，张丽玲、阮吕竹琼、王玲。在编写过程中，我们参阅了国内外的有关资料，并得到暨南大学出版社的支持，在此，一并致谢。由于水平和经验的限制，书中难免有错误或不当的地方，敬请各位读者与同行批评指正。

编者

2011 年 10 月